Déconstruction du processus bibliologique colonial

Installation d'un modèle endogène africain

Recherches en bibliologie

Collection dirigée par Eddie Tambwe

La collection *Recherches en bibliologie* est un espace ouvert à tous les chercheurs engagés dans des travaux relevant de la bibliologie, science générale de la communication écrite, l'une des sciences de l'information et de la communication.
Destinées aussi bien aux étudiants, aux chercheurs-enseignants, qu'aux professionnels, les publications de la collection témoignent de la vigueur de la recherche sur l'écrit, dans le monde.

Déjà parus

Roberts ESTIVALS (dir.), *Hommage à Elena Savova*, 2012.
Bob BOBUTAKA Bateko, *Écrit, information et communication en République démocratique du Congo*, 2009.
Robert ESTIVALS (dir.), *La bibliologie scientifique appliquée*, 2008.
Robert ESTIVALS, *Les écoles du schématisme et de la schématologie. L'histoire du schématisme 2*, 2007.
Eddie TAMBWE KITENGE BIN KITOKO (dir), *La chaîne du livre en Afrique noire francophone,* 2006.
(Sous la direction de Jacques HELLEMANS et Eddie TAMBWE), *Les Bibliothèques, le Livre, l'Écrit et les Technologies de l'Information et de la Communication en République Démocratique du Congo*, 2006.
Emmanuel BEBE BESHELEMU, *Presse écrite et expériences démocratiques au Congo-Zaïre*, 2006.
Didier MUMENGI, *Panda Farnana, Premier universitaire congolais (1888-1930),* 2005.
Robert ESTIVALS, *Le signisme*, 2005.
Eddie TAMBWE, *Recherches sur l'Écrit (au Congo-Kinshasa)*, 2004.

Sous la direction de
Eddie Tambwe Kitenge

DECONSTRUCTION
DU PROCESSUS BIBLIOLOGIQUE COLONIAL

Installation d'un modèle endogène africain

Postface de Robert Estivals

L'Harmattan

5-7, rue de l'École-Polytechnique ; 75005 Paris
http://www.harmattan.fr
diffusion.harmattan@wanadoo.fr
harmattan1@wanadoo.fr
ISBN : 978-2-343-05663-0
EAN : 9782343056630

Sommaire

Avant-propos

Eddie Tambwe Kitenge[1]

Le phénomène colonial se comprend, en Afrique singulièrement, comme une conjoncture historique particulière affectant toutes les relations humaines entre deux communautés à la suite d'une domination imposée par une minorité étrangère, racialement et culturellement différentes, au nom d'une supériorité dogmatiquement affirmée, sur une majorité autochtone matériellement « inférieure ».

Cette approche permet de relever l'implication dans l'explication des phénomènes pouvant intéresser la bibliologie. Le caractère antagoniste des relations existant entre les deux sociétés s'explique en effet par le rôle d'instrument auquel est condamnée la société colonisée ; la nécessité, pour maintenir la domination, de recourir non seulement à la « force » mais encore à un ensemble de pseudo-justifications.

En tant que système politique de domination, la colonisation entraîne, de facto, la mise en place d'un « modèle bibliologique », qui signifie un système spécifique d'organisation de la vie de l'écrit dans l'espace national. Le « modèle bibliologique » ainsi construit participe, comme les autres institutions coloniales (école, culture, armée, police, économie, etc.), dans le complexe processus de pérennisation du pouvoir en place (en l'occurrence colonial).

---

[1] Professeur des Universités en RD Congo, directeur de la « Collection Recherches en Bibliologie » (L'Harmattan).

Ces premières précisions permettent de fixer le concept de « bibliologie coloniale » comme étant l'étude scientifique des méthodes utilisées par les colonisateurs, pour réduire les peuples colonisés à leur dépendance sur le plan culturel et scriptural. L'enjeu est d'actualité : même si le phénomène colonial peut sembler historiquement « daté », les anciens « colonisés » demeurent, aujourd'hui encore, confrontés à l'exigence de la déconstruction. C'est-à-dire de la destruction du modèle colonial, pour un autre modèle, national et endogène. Ce modèle est en construction pour certains pays ; il est à construire pour d'autres. Si l'on considère que les pays africains sont sortis de la colonisation, il y a (à peine) un demi-siècle, on pourrait hypothétiquement avancer qu'ils demeurent – d'une manière ou d'une autre - marqués par le phénomène colonial.

Comme on pourrait le voir, l'exigence de la « déconstruction » est d'essence aussi bien scientifique que politique et idéologique. Elle est la condition sine qua none de la mise en place d'un nouveau paradigme bibliologique, pour les anciens colonisés. L'entreprise de déconstruction commence cependant par l'exercice de l'explication, du démontage : c'est l'objet des textes réunis dans cet ouvrage qui tentent d'expliquer le processus bibliologique colonial afin d'en poser les conditions de déconstruction et, donc, d'installation d'un modèle bibliologique endogène.

Les textes sélectionnés dans cet ouvrage couvre une bonne part du continent africain : du Maghreb (Algérie et Maroc) (avec les textes de Babaameur HAMIDA, Arab ABDELHAMID et Ahmed-Chouqui BINEBINE), à l'Océan indien (Madagascar) (texte de Martin RANIVO), en passant par l'Afrique de l'Ouest (Emile OKOMBA) et l'Afrique centrale (Congo belge) (Eddie TAMBWE Kitenge, Bob BOBUTAKA Bateko et Jean-Pierre MANUANA Nseka).

La postface qui clôt l'ouvrage, signée par Robert Estivals, vient rappeler au lecteur la nature globale et somme toute politique et idéologique de la problématique centrale de cet ouvrage.

En posant une explication historique de l'évolution de la recherche internationale en la matière, depuis la fin de la Deuxième guerre mondiale jusqu'à nos jours, le texte de Robert Estivals permet non seulement de déterminer les phases successives de la bibliologie scientifique internationale, mais également la nature et la fonction de l'école bibliologique africaine. C'est le principal objectif de cet ouvrage qui jette les bases pour l'élaboration d'un programme de recherche africain sur les phénomènes traversés par le concept de bibliologie coloniale.

Partie I :

Le modèle bibliologique colonial français dans les pays du Maghreb.

Cas de l'Algérie et du Maroc.

La politique culturelle française dans l'Algérie colonisée[1]

Babaameur HAMIDA

La politique culturelle française (sous le régime colonial) consiste à remplacer la classe intellectuelle religieuse qui existait sous le pouvoir ottoman par une classe intellectuelle francisée que la France aura elle-même formé pour l'aider à transmettre sa propre idéologie et assurer ainsi sa pérennité. De ce fait, elle sera amenée tout d'abord à liquider les valeurs culturelles en présence à savoir, la culture arabo-musulmane pour ensuite mener une politique culturelle propre à son système.

1°) La liquidation de la culture musulmane

Les valeurs islamiques en place sont considérées comme étant fanatique et sans importance. Jules Cambon estime que « le développement des saouias (écoles primaires) équivaut au développement du fanatisme » et insiste sur « la création d'institutions qui soient de nature à nous assurer le bénéfice de la direction spirituelle, morale et religieuse de nos indigènes ».[2]

---

[1] Ce texte est extrait de la thèse présentée par l'auteur devant l'Université Michel de Montaigne Bordeaux 3 en vue de l'obtention du doctorat (nouveau régime) en sciences de l'information et de la communication (1992, 524p.), sous le titre : *Le livre en Algérie pendant la période coloniale 1830-1962.-*

[2] MERAD, A. Le réformisme musulman en Algérie. Paris : Mouton, 1968. P. 56

A. Joly accuse les zaouias d'être « des monastères, séminaires où se concentre la résistance des religieux de l'Islam ».[1]

Sur la base de ces arguments, les zaouias et les médersas sont fermées, les mosquées détruites ou transformées. Selon une statistique de A. Tourki, à Annaba, on comptait 39 médersas, 37 mosquées et deux zaouiates avant la colonisation, à l'indépendance on ne recense plus que trois médersas et 15 mosquées.[2] En 1870, les maîtres d'écoles au nombre de 2 000 ne reçoivent plus que 27 000 élèves. Beaucoup d'entre émigrent vers les pays arabes non colonisés. De 142 élèves en 1876, on tombe à 57 élèves en 1885.[3]

Chanzy, déplorant la fermeture des institutions islamiques écrit au Ministre : « C'est une erreur profonde de croire que les médersas pourront être supprimées dans un avenir peu éloigné, et qu'il n'y a qu'à les laisser tomber peu à peu et s'éteindre faute d'aliments, quels que soient les errements qui seront appliqués dans ce pays, nous y aurons besoin de légistes musulmans et si, nous ne cherchons pas à les élever sous notre patronage direct, bientôt nous retomberons au même point qu'au début de notre conquête ».[4]

Malgré ces avertissements, l'action française de déculturation se poursuit. Un rapporteur de la commission d'Afrique résume ainsi l'action coloniale française : « Nous avons réuni au Domaine les biens des fondations pieuses, nous avons mis en jugement des hommes réputés saints dans leurs pays... Il s'est trouvé des juges pour les condamner et des hommes civilisés

---

[1] Idem

[2] KHELLOUT, A. Histoire de l'enseignement dans l'Algérie coloniale de 1830 à 1962, op. cit . P. 58

[3] AGERON, CH. R. Histoire de l'Algérie contemporaine. op.cit P.153

[4] AGERON, CH. R. Histoire de l'Algérie contemporaine. op. cit P.154

pour les exécuter. Nous avons débordé en barbarie, les barbares que nous venions civiliser ».[1]

Réussissant à provoquer l'affaiblissement du maraboutisme (valeur culturelle dominante) et par l'absence quasi-totale d'un enseignement quelconque pour le remplacer, la France, par cette politique, va indirectement permettre une disponibilité d'esprit de la population musulmane. Cette disponibilité favorisera la mise en place de valeurs islamiques nouvelles et, en l'occurrence, le réformisme qui s'inspire des valeurs orientales provenant des pays arabes. Ceci fera l'objet ultérieurement du modèle de résistance à la politique coloniale. Mais pour le présent, et afin de mieux comprendre la constitution du modèle opposant, il serait nécessaire de découvrir sur quelles bases est fondée la politique coloniale de l'enseignement, quels sont ses objectifs, à quelle population est-elle destinée et jusqu'à quelle mesure elle sera étendue ?

2°) La politique de l'enseignement

L'originalité dans l'enseignement français, si on se replace dans le contexte historique, se trouve dans le fait que cet enseignement est en premier lieu intégralement à la charge de l'Etat et qu'en second lieu les matières religieuses sont absentes de son contenu. La France introduit donc un système d'enseignement laïc et gratuit qui se compose de trois parties distinctes : le primaire, le secondaire et le supérieur, ce qui aura pour but, comme nous allons le voir, de faciliter la sélection, ceci d'autant plus dans un contexte colonial.

---

[1] TAILLART, CH. L'Algérie dans la littérature française. Paris : librairie Champion, 1925. P. 131

L'enseignement primaire

Si l'enseignement était limité sous la domination ottomane, il devient pratiquement inexistant sous la domination française durant la période allant de 1830 à 1880. Jules Ferry, à ce propos, note avec tristesse l'état d'esprit des colons lorsqu'il s'agit d'éducation : « Ils la proclament (population musulmane) à l'envie incorrigible et non éducable, sans avoir jamais rien tenté depuis trente ans pour l'arracher à sa misère morale et intellectuelle. Le cri d'indignation universelle qui accueilli d'un bout à l'autre de la colonie, les projets d'école indigènes que le parlement français a pris à cœur est un curieux témoignage de cet état d'opinion ».[1]

Dans le rapport fait par les délégations financières suite aux assemblées qui ont eu lieu entre 1908 et 1910 et concernant l'enseignement primaire des enfants algériens, Joly expose « la nécessité de faire un nouvel effort pour propager davantage l'instruction parmi les indigènes », il propose de réduire les prix de revient du personnel enseignant ainsi que celui des constructions de classe.

« Il est indispensable » dit-il « de diminuer les frais afin d'étendre la zone d'action, il est nécessaire de nous borner à donner aux enfants quelques notions de langage facilitant les transactions en conservant les plus intelligents pour les diriger vers nos écoles primaires ».[2] Ainsi, l'enseignement des Algériens se limite uniquement à l'apprentissage de la langue pour leur permettre de communiquer avec la population française dans des classes créées à leurs intentions appelées « classes spéciales pour indigènes ».

---

[1] TAILLART, CH. L'Algérie dans la littérature française. Op.cit. P. 159

[2] Rapport sur l'enseignement primaire des autochtones par les délégations financières suite aux assemblées qui ont eu lieu entre 1908 et 1910. P. 1. (14H41)

Pour effectuer les dépenses incombant au budget de l'Algérie, la scolarité est réduite à quatre ans, de six à dix ans avec pour chaque classe cinquante à soixante élèves. En 1956, il est prévu pour les filles comme pour les garçons, une durée de scolarité qui ne devra pas excéder trois ans.

Les écoliers

C'est ainsi que la génération de 1830 à 1860, période qui correspond à l'intervention française et aux insurrections successives, se trouve plongée dans l'analphabétisme. Grâce à la loi de Jules Ferry concernant la réforme de l'enseignement, on pouvait compter 10 357 élèves algériens en 1 889 sur 535 389 enfants de six à treize ans soit 1,93% de la population scolarisable, ce n'est qu'entre 1880 et 1910 que se forme la première élite algérienne, période qui correspond au régime de l'indigénat.[1]

Entre les deux guerres mondiales et après les mesures de 1930, la scolarisation des Algériens évolue très lentement, on compte 55 475 Algériens contre 115 000 Français.[2] Cette période correspond également à une stabilité politique jusqu'en 1938 et à une stabilité démographique dont le taux de croissance évolue lentement, de 1,13% en 1931 à 1,15% en 1936.[3]

Entre 1940 et 1953, le taux de croissance des élèves inscrits semble augmenter passant de 10,42% en 1944 à 31,1% en 1953. Ceci a pour origine l'explosion démographique durant cette période dont le taux passe de 1,54% en 1948 à 1,70% en 1953 et par conséquent une augmentation des besoins qui engendrent des revendications plus pressantes de la part de la

---

[1] AGERON, CH.R. Histoire de l'Algérie contemporaine. op. cit. P.534
[2] AGERON, CH.R. Histoire de l'Algérie contemporaine. op. cit. P.535
[3] AGERON, CH.R. Histoire de l'Algérie contemporaine. op. cit. P.535

population. La seconde origine vient des réformes de 1954 qui élargissent la citoyenneté française à plusieurs catégories sociales. En effet, selon le centre d'information et d'études des territoires du sud le 24 janvier 1944, il est demandé 76 classes et 60 logements en plus pour l'enseignement général, 30 locaux et 40 centres ruraux.[1]

« A la suite des réformes de la citoyenneté française, il y a une demande accrue des Musulmans, l'administration doit envisager un programme de construction de nouvelles écoles ou l'agrandissement des écoles existantes sur les vingt ans à venir. »[2]

Malgré un effort d'accentuation de la scolarisation, les élèves ne représentent guère plus de 3% de la population en 1954. En ce qui concerne les élèves européens, leur taux de croissance stagne autour de 1,05% en 1926 et de 1,24% en 1954. Tout comme les élèves algériens, la scolarisation des Européens n'évolue pas non plus. Néanmoins, ce taux de scolarisation suit le mouvement de la croissance démographique de la population européenne qui va de 1,25% en 1928 à 1,33% en 1953. Les élèves européens représentent 12% de la population, ce qui est peu, mais bien plus comparé aux élèves algériens. Une première ségrégation s'effectue donc entre les élèves scolarisés algériens et européens. Cette politique discriminatoire se poursuit parmi les citadins et les ruraux et parmi les hommes et les femmes. La population musulmane compte environ 86% d'illettrés chez les hommes et 95% chez les femmes, ces chiffres s'abaissent entre 60 et 70% en 1954 dans les villes.[3]

L'état d'esprit des colons, n'évoluant pas, fait obstacle à tout projet d'intensification de la scolarisation. « Si la

---

[1] Lettre du Centre d'Information et d'Etudes des Territoires du Sud du 24 janvier 1944. (14H41)

[2] Lettre du Centre d'Information et d'Etudes des Territoires du Sud du 24 janvier 1944. (14H41)

[3] AGERON, CH.R. Histoire de l'Algérie contemporaine. op. cit. P.158

France » disent-ils « entend intensifier l'instruction des indigènes, que deviendront nos fermes ? »[1] La discrimination se retrouve ainsi au niveau du contenu de l'enseignement car il est créé un « enseignement spécial pour indigènes » avec un programme spécial qui à faire des enfants algériens des travailleurs manuels au service des colons.

Les programmes

En effet, en tête d'un plan d'études, on pouvait lire : « L'instruction donnée aux indigènes a pour but de faire d'eux des hommes honnêtes, éclairés, prévoyant, amis du travail, disposés à se rapprocher de nous par l'usage de la langue, et la constatation des progrès auxquels nous leurs offrons de participer, en vue d'améliorer leur bien-être, leur hygiène, leurs pratiques agricoles, leurs travaux industriels et leurs relations commerciales. Les programmes de 1898 l'accentueront encore. Le jeune indigène formé dans nos écoles est préparé à améliorer les conditions d'existence de sa famille, il n'est pas poussé à chercher une autre situation : ses préoccupations sont tournées vers les travaux des champs ou de l'atelier, pas du tout vers les emplois publics ».[2]

Les matières enseignées répondent à ces objectifs :

1°) La langue française,
2°) Calcul et système métrique,
3°) Dessin et travaux manuels au cours préparatoire,
4°) Langue arabe,
5°) Agriculture et travail manuel,

---

[1] AGERON, CH.R. Histoire de l'Algérie contemporaine. op. cit. P.533
[2] COLONNA, F. Instituteurs d'Algérie 1888-1939. Alger : O.P.U. 1975. P.19

6°) Education morale,

7°) Connaissances usuelles (économie domestique, hygiène, notions scientifiques, législation usuelle),

8°) Notions sur la France et l'Algérie (historiques, géographiques, administratives)

9°) Récréation (chants, marches et exercices de gymnastique).[1]

Nous constatons que les matières comme l'agriculture et les travaux manuels sont intégrés à l'enseignement des Algériens et les matières aussi importantes que l'histoire, les sciences se trouvent sous la forme de notions. Selon le vœu des délégations, il serait établi deux genres d'écoles dites les unes « préparatoires » et les autres « élémentaires ». Le programme devait à leur avis varier avec les régions et les nécessités agricoles locales. Toujours dans le sens de l'orientation des élèves algériens vers les métiers manuels, le ministre de la guerre envoie des livres scolaires à l'intention de l'enseignement primaire.

« J'ai l'honneur de vous annoncer l'envoi par la poste d'un paquet cacheté contenant huit exemplaires d'un « traité élémentaire d'agriculture pratique » à l'usage des écoles primaires par Mr Léonard Grabias, à répartir entre Constantine, Sétif et Miscara ».[2]

L'enseignement des garçons est basé essentiellement sur l'apprentissage agricole, celui des filles sur les tâches ménagères. C'est ainsi qu'il est préconisé : « la formation professionnelle et agricole des garçons, l'éducation ménagère des filles ne doivent pas être négligées et il y aura lieu d'utiliser tous les moyens leur permettant de leur donner ce complément d'instruction pratique

---

[1] COLONNA, F. Instituteurs d'Algérie 1888-1939. Op. cit. P.51

[2] Lettre du Ministre de la guerre au Gouverneur Général d'Alger le 19 Mai 1844. (F801576)

pendant la demi-journée où ils ne fréquentent pas l'école ».[1]

L'inspecteur de l'enseignement agricole d'Algérie, quant à lui, estime que l'agriculture, par exemple, pourrait être enseignée à raison de trois heures par semaine à partir du cours élémentaires deux jusqu'au cours moyen deux. La matière du pliage et du tissage est enseignée au cours préparatoire un à raison de deux heures trente par semaine. Il est à souligner aussi que la note de français est éliminatoire au certificat d'études primaires. Il est fait nécessité aux instituteurs en dehors de tout programme « d'être des éducateurs qui puissent faire des jeunes indigènes de bons artisans aimant la France et respectant ses institutions et son gouvernement ».[2]

En 1908, dans les écoles préparatoires, l'enseignement est le suivant :

Matières enseignées et répartition des horaires par semaine.

En « cours élémentaire un » dans l'année 1908[3]

MATIÈRES	**NOMBRE D'HEURES**
Lecture	4h 10mn
Calcul	2h
Exercice de langage	5h 20mn
Français	3h 30mn
Arabe	0h 40mn
Dessin	1h
Couture	5h
Ouvrage manuel	5h
Récréations	3h 20mn
TOTAL	**30h**

Ce tableau confirme l'objectif que le gouvernement s'est assigné en ce qui concerne l'orientation de

[1] Rapport sur l'enseignement primaire. Op. cit. P.2
[2] Rapport sur l'enseignement primaire des autochtones, op. cit. P.3
[3] Rapport sur l'enseignement primaire des autochtones, op. cit.

l'enseignement vers la pratique et non vers la recherche. En 1935, 69 000 écoliers fréquentent 825 classes « spéciales pour indigènes ».[1]

Cette ségrégation trouve son origine dans la répartition budgétaire car le budget alloué à l'instruction des élèves algériens ira en diminuant de 9,77% en 1896 à 2,7% en 1923.[2] Malgré les tentatives d'accélération de la scolarisation des Algériens après 1945, les élèves scolarisés algériens représentent 18% du total contre 84% d'Européens. Cette politique ségrégationniste se poursuit-elle au niveau secondaire et supérieur ?

L'enseignement secondaire

Au niveau secondaire, la politique de l'enseignement se modifie. L'existence d'un examen d'entrée en sixième se révèle un handicap non seulement pour les Algériens dont à peine 28,8% sont reçus, mais également pour les Européens dont seulement 42,9% sont admis en 1948. Ainsi de 84% d'élèves scolarisés français dans le primaire on passe à près de la moitié seulement qui seraient aptes à poursuivre le secondaire et le tiers à peine des musulmans qui pourront faire ce cycle. Il est à remarquer que, quelque soit le cycle d'études, les élèves français sont toujours supérieurs en nombre aux Musulmans. Au moment de la politique d'accélération de la scolarisation des Algériens, les Musulmans dépassent les Européens (322 000 contre 123 000) mais en même temps et dans la même année (1954) les élèves français dans le secondaire sont nettement supérieurs en nombre que les Musulmans. Cette politique d'accélération dans le primaire a pour seul but de faire taire les revendications incessantes des Algériens. En effet, leurs enfants ne dépassent jamais le

---

[1] AGERON, CH.R. Histoire de l'Algérie contemporaine. op. cit. P439

[2] Idem

cap du primaire et quelque soit leur nombre dans le primaire, leur pourcentage dans le secondaire évolue peu, car de 1927 à 1954, il passe de 0,01% à 0,07%.

Le but de cette politique est clair. Il s'agit d'instruire les Européens suffisamment pour assurer leur domination sur les Musulmans, mais empêcher que l'Algérie ne devienne un foyer d'intellectuels qui remettraient en question le système métropolitain. De ce fait, les Européens aussi sont orientés vers les champs afin de diriger les exploitations agricoles. C'est ainsi que seulement 2% de la population européenne est scolarisée dans le secondaire contre 12% dans le primaire.

L'enseignement supérieur

La politique coloniale obscurantiste se poursuit dans le niveau supérieur de façon beaucoup plus accrue, si le taux de croissance semble augmenter de 24% en 1943 à 73,66% en 1952, seulement un étudiant musulman sur 15 705 accède au niveau supérieur et à peine un étudiant européen sur 215 poursuit des études universitaires. L'existence du brevet d'études, du probatoire et du baccalauréat sont autant de barrières difficilement franchissables et accentuent la sélection.

Par exemple, 114 000 élèves algériens en 1940, ayant suivi un cursus scolaire normal, arrivent à être au nombre de 442 étudiants en 1954 et de 140 000 élèves français en 1935, on passe à 4 804 dans l'enseignement supérieur en 1952. Le rapport est de 0,0001 pour les élèves algériens du niveau primaire au niveau supérieur de 1943 à 1952 et de 0,01 à 0,03 pour les élèves français du niveau primaire de 1939 à 1952. Ces chiffres prouvent qu'une très forte sélection est appliquée par le gouvernement français aussi bien pour les Algériens que pour les Français en Algérie. Les pourcentages qui suivent confirment le but de cette politique. En 1954, les Européens représentent

92,8% de cadres supérieurs, 82,6% de techniciens et d'intellectuels moyens et enfin 83,4% d'employés de bureau. Tandis que les Algériens fournissent 95,2% de manœuvres, 71,3% de personnel de service et 58,3% d'ouvriers.[1]

Conclusion

De 1830 à 1880, la politique française, pour assurer sa domination culturelle, commence par la liquidation de tout ce qui a trait à la religion musulmane en décrétant le rattachement de la religion à l'Etat. Durant cette période, aucune formation qu'elle soit dispensée en arabe ou en français, aucune activité culturelle n'est donnée aux Algériens en remplacement aux valeurs existantes auparavant. Un vide culturel et un analphabétisme ont été prédominants à cette époque.

Après quarante ans de colonisation, la politique française entame la seconde étape qui consiste à créer une élite algérienne formée sous son patronage. C'est à ce moment-là qu'apparaissent les premières réformes de Jules Ferry concernant l'enseignement des Algériens. Cette politique de l'enseignement sera entreprise, cependant, avec beaucoup de « précautions » dans la mesure où elle ne touchera qu'une partie très réduite de la population algérienne dans le niveau primaire, cette politique de réduction sera appliquée aux Français à partir du cycle secondaire de façon à permettre aux Français de poursuivre leur domination sur les Algériens, mais les deux communautés seront quantitativement faibles dans l'enseignement supérieur, ceci, afin d'éviter que les Français ne pensent à créer leur propre gouvernement en Algérie et se détacheraient ainsi du système métropolitain. Cette politique se fera à l'aide

---

[1] AGERON, CH. R. Histoire de l'Algérie contemporaine. op. cit. P. 541

d'une sélection très forte et par l'existence d'examens qui se révèleront être des obstacles, en particulier aux Algériens. Elle se fera à l'aide du programme incorporée dans l'enseignement. C'est alors que sont créés des programmes spéciaux pour les Algériens afin de diriger vers les domaines agricoles et les travaux manuels tandis que les Français sont formés pour diriger les exploitations agricoles. Les éléments positifs inhérents au système d'enseignement français sont la laïcité et la gratuité qui ont, pour la première fois introduits en Algérie. Quel rôle va jouer la population alphabétisée dans la société, dans l'histoire de l'Algérie et dans l'histoire du livre dans ce pays ?

Le pouvoir français, pour instaurer un modèle libéral, impose, sur le plan politique et économique, un ensemble de lois qui vont régir, dorénavant, la société algérienne. Cette politique capitaliste engendre une forte explosion démographique et par conséquent une augmentation des besoins qui pourraient remettre en question le système établi. Pour répondre à ses besoins et en même temps assurer sa pérennité, le pouvoir met en place un certain nombre de moyens culturels et bibliologiques propres à lui en commençant par l'enseignement. Quels sont les moyens bibliologiques, comment est orientée la lecture, comment les auteurs répondent-ils aux besoins de la lecture, dans quelle politique éditoriale évoluent-ils et quels sont les moyens mis à leur disposition, répondent-ils à leurs besoins et enfin quelle sera la politique de diffusion de l'écrit ?

Un enseignement réduit ne peut engendrer qu'une lecture réduite. Nous estimons le nombre de lecteurs algériens francisés à environ 10% de la population contre 95% d'Européens. Néanmoins, aussi limités soient-ils, les personnes ayant reçu une formation et qui sont par conséquent les lecteurs potentiels de l'Algérie auront à jouer un rôle déterminant dans la politique du livre, aussi bien du côté colonial que du côté colonisé par la pression qu'ils exerceront au niveau idéologique, ils seront les orienteurs du circuit bibliologique. Dans un contexte d'affrontements culturels permanent, coexistera deux sortes de populations lectrices, animées par des motivations différentes, les lecteurs algériens ayant reçu un enseignement français et les lecteurs français. Il serait intéressant de savoir quelles sont, tout d'abord, les préoccupations des Algériens en matière de lecture et quelles sont les pressions qu'ils exerceront sur la politique de l'écrit.

Les bibliothèques durant la période coloniale en Algérie (1830-1962)[1]

Arab ABDELHAMID

Cette étude consiste en une interrogation générale sur l'évolution des bibliothèques en Algérie, de la période coloniale à l'année de l'indépendance. Cette recherche qui se veut une contribution à l'évolution des institutions culturelles de l'Algérie, a donné lieu à un état de la question en ce qui concerne la situation des bibliothèques tant musulmanes que coloniales de l'Algérie de la conquête et leur évolution dans le temps de 1830 à 1962. Il s'agit par conséquent d'une historiographie des bibliothèques algériennes de la période coloniale qui sert de soubassement pour toute réflexion sur la compréhension de l'état actuel de nos bibliothèques en vue d'une restauration future.

Sous cet angle, ce travail paraît d'ailleurs à un moment particulièrement opportun car l'Algérie à l'instar des autres pays en développement est appelée aujourd'hui à réfléchir d'une manière sérieuse sur une politique nationale d'informations à même d'insérer les systèmes d'information documentaire dans les programmes et les stratégies de développement de la société.

Après avoir passé en revue, d'une manière brève, l'évolution des bibliothèques algériennes des origines à la veille de l'indépendance, nous avons remarqué que cette évolution se faisait selon un schéma bouclé. De la période antique jusqu'à la période contemporaine, la bibliothèque

---

[1] Texte extrait de la thèse de doctorat présentée devant l'Université d'Alger en vue de l'obtention du doctorat d'Etat en bibliothéconomie et sciences documentaires, 2000, 800p.

algérienne n'est pas une ; elle évoluait dans un changement perpétuel au rythme de la succession des différentes invasions qu'a connues l'Algérie depuis les Phéniciens-carthaginois jusqu'à l'occupation française en passant par celles des Romains, des Byzantins, des arabes et des turcs.

Ce schéma d'évolution discursive a donné naissance à des bibliothèques qui appartenaient à un patrimoine imprégné certes d'une richesse considérable, mais comme les éléments de cette richesse sont hétérogènes et dans la plupart des cas antagonistes, la bibliothèque algérienne, segmentée à travers le temps, n'a pas pu se développer suivant une évolution linéaire en trouvant un fil conducteur à même d'assurer le lien entre les différentes cultures pour faire de cette bibliothèque une œuvre cumulative et durable à travers le temps.

La période coloniale est un exemple, parmi d'autres, qui illustre à quel point les affrontements culturels avaient des conséquences néfastes sur le développement des bibliothèques en Algérie par le fait que la bibliothèque est un organe qui véhicule le produit de la matière pensante d'une nation et d'une culture. C'est pourquoi il existait en Algérie, durant la période coloniale, deux différents types de bibliothèques qui appartenaient à deux cultures dont le seul facteur qui les liait était le colonialisme qui ne faisait en fait que de les séparer.

Les bibliothèques musulmanes qui tirent leur origine du Moyen-Age musulman ont connu, sous le régime turc, une stagnation par rapport aux bibliothèques musulmanes d'autrefois. Toutefois, ces bibliothèques ont continué à servir, tant bien que mal, de support pédagogique au niveau des institutions religieuses auxquelles elles sont rattachées et pérenniser ainsi la conservation du patrimoine écrit du passé, une situation qui a duré jusqu'à la veille de la conquête de 1830, date à laquelle débute une nouvelle phase de l'histoire des bibliothèques algériennes.

L'intervention française en Algérie en 1830 a, comme toutes les invasions précédentes, changé le courant de l'histoire des bibliothèques algériennes tout en étouffant la bibliothèque musulmane d'une part et imposant la bibliothèque européenne d'autre part. La France coloniale, dès son occupation de l'Algérie, s'est rendu compte que son œuvre coloniale de saurait aboutir tant que le peuple algérien reste rattaché à l'Islam qui constitue, pour la France, un obstacle et un danger véritable à même de menacer ses intérêts et de déjouer sa politique de colonisation.

La première réaction de la France était par conséquent de s'attaquer aux institutions religieuses en vue de limiter sinon anéantir leur influence sur la résistance du peuple algérien. En effet, des mesures draconiennes ont été prises dans ce sens et par voie de conséquence, les institutions religieuses ont été soumises à une rude épreuve ayant causé par ricochet la spoliation et la destruction des collections et de leurs bibliothèques.

La loi de 1905 relative à la séparation des églises et de l'Etat, appliquée à l'Algérie à partir de 1908, a mis fin à une autre catégorie importante de bibliothèques algériennes. Il s'agit des bibliothèques ecclésiastiques dont certaines constituées à grands frais, comme celle du diocèse d'Oran, ont marqué elles aussi l'histoire de la bibliothèque algérienne. Vers le début du XXème siècle, les bibliothèques en Algérie étaient donc à dominance coloniale dont l'origine remonte, comme nous l'avons déjà souligné, à 1835, date à laquelle fut fondée la Bibliothèque d'Alger qui fut la première institution culturelle et la doyenne des bibliothèques algériennes durant la période coloniale ; ensuite, d'autres types de bibliothèques ont été créés (bibliothèque universitaire, bibliothèques municipales, scolaires, administratives, militaires, etc.).

Pour mieux connaître ces bibliothèques, nous sommes conduits à les décrire, ce qui nous donne comme premier résultat une historiographie des bibliothèques algériennes qui s'étale sur une période de cent trente-deux années, de 1830 à 1962. Pour comprendre l'état de fonctionnement et les mécanismes qui ont régi les relations entre les institutions et les autorités compétentes dont elles dépendaient, nous avons fait intervenir la théorie des modèles de bibliologie politique ainsi que la théorie de la classe dominante à partir desquelles nous avons essayé d'interpréter la situation générale des bibliothèques algériennes en relation avec le pouvoir politique colonial qui représentait l'idéologie dominante et la population indigène en tant que classe dominée.

L'affrontement culturel qui caractérisait le rapport entre ces deux classes est fondé sur le principe de domination par lequel la classe dominante s'arrogeait le droit d'imposer, par tous les moyens, sa culture et sa suprématie ; et la classe dominée qui essayait, autant que faire se peut, de rejeter cette culture qui n'était pas la sienne pour sauvegarder son identité à travers la pérennisation de sa propre culture. Ce caractère antagoniste entre la culture du colonisateur et celle du colonisé nous a conduit à faire la distinction entre deux catégories de bibliothèques durant la période coloniale à savoir :

1-Les bibliothèques musulmanes et indigènes
2-Les bibliothèques coloniales

Le développement de chacune de ces deux catégories de bibliothèques est par conséquent tributaire de la nature de chaque bibliothèque et sa position envers l'idéologie dominante.

Les bibliothèques musulmanes :

Les bibliothèques, comme nous l'avons déjà constaté dans les pages précédentes de ce travail, sont rattachées aux institutions religieuses notamment les mosquées, les medersas et les zaouias dont l'existence constituait un véritable danger à même de déjouer la politique coloniale en Algérie. C'est pourquoi ces institutions ont été ciblées dès les premiers temps de la colonisation. La politique d'appropriation, de destruction et d'extermination des institutions religieuses a provoqué directement ou par ricochet l'élimination de la plupart des bibliothèques musulmanes.[1]

Il est toutefois à noter que la politique d'extermination n'a pas été menée jusqu'au bout de ses limites, et ce, pour deux raisons essentielles :

1°) L'Islam est une religion fortement ancrée dans la psychologie individuelle et collective de la société indigène dont l'extermination des institutions ne changerait pas grand chose à moins d'exterminer toute la population musulmane six fois plus nombreuse que celle du colonisateur.

2°) Le maintien des institutions religieuses et leur utilisation d'une manière intelligente pour réduire sinon éliminer leur capacité de nuisance est une pratique beaucoup plus efficace que la politique d'élimination.

Cette tendance de combattre les indigènes par leurs propres armes a fini par marquer la politique de la France envers la population indigène. C'est cette nouvelle orientation politique coloniale qui explique, à notre sens,

---

[1] Nous ferons remarquer que le mot « bibliothèque » est pris ici dans le sens le plus large. Sous ce terme, nous désignons un ensemble quelconque de livres composé au-delà de deux ou trois livres.

le maintien de certaines institutions religieuses, rattachées plus tard au domaine de l'Etat. Vers 1884, le personnel des mosquées qui appartenaient au domaine de l'Etat coûtait à l'administration coloniale une somme de l'ordre de 166 490 francs, à laquelle il faudrait ajouter 49 850 francs destinés à l'entretien des mosquées, soit au total une dépense de 216 340 francs. Cette somme sensiblement dérisoire pour une population de trois millions de fidèles est par contre un indice significatif quant à la compréhension de la politique coloniale envers le culte musulman pourtant qualifié dans tous les rapports de l'administration coloniale de « danger véritable » contre l'existence de la France en Algérie.

Les bibliothèques musulmanes qui ont servi de support pédagogique aux institutions religieuses desquelles elles dépendaient, ont été soumises au même contrôle pratiqué envers les institutions de rattachement d'où leur état de stagnation voire de régression sur le plan du nombre et celui de la qualité. Certes, ces bibliothèques n'étaient pas celles du Moyen-Âge musulman ni celles de l'occident moderne, mais sans l'emprise coloniale qui les a vraisemblablement étouffées, on ne sait à quoi elles auraient pu aboutir. Outre ces bibliothèques typiquement indigènes, par leur forme et leur contenu, les autorités coloniales ont procédé graduellement à la création de bibliothèques destinées aux populations européennes.

Les bibliothèques coloniales :

Comme leur nom l'indique, ces bibliothèques sont le produit de l'occupation coloniale. Leur mission principale consistait à servir d'instrument, parmi tant d'autres, pour répandre la culture coloniale et faire durer sa domination en Algérie qui, par sa situation stratégique et ses richesses naturelles considérables, constituait pour la France une colonie tout à fait particulière parmi toutes les autres colonies. Le maintien de l'ordre colonial en Algérie était donc plus que nécessaire tout en étant aussi plus difficile à réaliser. C'est pourquoi les autorités coloniales ont usé, sur tous les plans, de tous les moyens possibles pour imposer leur existence. Sur le plan culturel, malgré toutes les carences enregistrées et dénoncées à maintes fois dans le milieu colonial lui-même, la colonisation a réussi, tant bien que mal, à donner lieu à des réalisations notamment dans le secteur de l'éducation compte tenu de son importance dans la formation au sein de la population indigène des esprits nouveaux qui admettent l'idéologie coloniale tout en les détachant de leur propre culture. C'est sur cette classe que la France s'est basée pour faire aboutir son œuvre coloniale en Algérie.

Il est tout à fait clair que la bibliothèque a constitué dans cette politique un outil pédagogique dans tous les niveaux de l'enseignement. Par ailleurs, elle a assuré la continuité de l'œuvre de l'école après l'âge scolaire sous forme de bibliothèques à caractère public (bibliothèques populaires, bibliothèques municipales, bibliothèques de quartier, bibliothèques d'association, etc.) ou de bibliothèques spécialisées (bibliothèques administratives, bibliothèques militaires, bibliothèques pour enfants, etc.). Outre ces bibliothèques typiquement européennes par leur forme et leur contenu, les autorités coloniales ont procédé à la création de certaines bibliothèques à des fins tendancieuses comme les bibliothèques de medersas et les bibliothèques arabes spécialement conçues pour la formation d'une classe d'indigène servant de courroie de transmission avec le reste de la population indigène.

Les moyens déployés pour le fonctionnement de ces bibliothèques étaient réduits au minimum en fonction de l'objectif qu'on leur a assigné, ce qui nous mène à dire qu'il s'agit beaucoup plus de simples dépôts de livres qui n'ont presque rien de commun avec la structure d'une bibliothèque au sens moderne du terme. En ce qui concerne les bibliothèques coloniales destinées aux populations européennes, nous relevons principalement les suivantes :

1 – Bibliothèque nationale
2 – Bibliothèque universitaire
3 – Bibliothèques municipales
4 – Autres bibliothèques

La bibliothèque nationale est, par son ancienneté, la première institution culturelle et la doyenne des bibliothèques coloniales. Son rôle ne se limitait pas aux objectifs coloniaux, mais elle a aussi servi pour la sauvegarde d'une partie importante des manuscrits algériens sauvés grâce aux efforts louables de L.A. Berbrugger qui est à nos yeux un exemple, parmi tant d'autres, de bibliothécaire infatigable parfaitement dévoué tant à son métier qu'à la science d'une manière générale. Grâce à des bibliothécaires talentueux comme Louis Adrien Berbrugger, Louis Alfred Oscar Mac Carty, Emile Maupas et Gabriel Esquer, la Bibliothèque nationale, malgré les carences et l'indifférence de l'administration, a joué un rôle important en ce qui concerne la promotion de la lecture publique en Algérie. La Bibliothèque universitaire d'Alger était l'une des premières bibliothèques universitaires françaises. Son organisation, la taille et le contenu de ses collections, ses prestations de services, sont des indices qui démontrent qu'elle était la bibliothèque la plus appropriée aux objectifs auxquels elle a été désignée durant la période coloniale.

En ce qui concerne les bibliothèques municipales, les plus importantes étaient celles d'Alger, de Constantine, de Bône, de Setif, de Guelma, d'Oran, de Sidi Bel-Abbès et de Tlemcen. Ces bibliothèques initialement conçues pour satisfaire les besoins des personnels des services des assemblées communales, ont fini, au début des années trente, par ouvrir leurs portes au grand public compte tenu du manque de véritables bibliothèques publiques en Algérie à cette époque.

À ces bibliothèques s'ajoutent d'autres dites populaires ou libres, généralement créées par des moyens de fortune, dont le mérite revenait surtout à de simples citoyens qui ont eu foi en la bibliothèque en tant qu'instrument de développement et de progrès. Ce genre de bibliothèques n'a pas eu d'écho durant la période coloniale en raison de la composition de la population formée à cette époque de trois catégories différentes :

1°) Catégorie de lettrés composée de riches propriétaires, de hauts fonctionnaires, de commerçants, d'industriels, d'érudits, etc., qui disposaient généralement de leurs propres bibliothèques ou qui avaient les moyens de s'en procurer des livres d'une manière ou d'une autre.

2°) Catégorie d'ouvriers, petits commerçants et simples employés dont le niveau d'instruction, pour la plupart, ne leur permettait pas de manifester un besoin en matière de lecture.

3°) Catégorie d'illettrés composée principalement de la population indigène.

En dehors des bibliothèques destinées au grand public existaient également des bibliothèques scolaires, des bibliothèques ecclésiastiques, des bibliothèques administratives, des bibliothèques militaires, qui ont toutes un caractère spécialisé dont le champ d'action de chacune était limité au domaine couvert. Indépendamment de leur nature et de leur appartenance, il est à remarquer que les bibliothèques coloniales étaient, sur le plan du nombre ainsi que sur celui de la qualité, en deçà des besoins des populations desservies.

En 1912, pour une population de 172 000 habitants, la ville d'Alger accordait à ses habitants une moyenne de l'ordre de 0,05 francs par habitant et par année, au moment où les villes de plus de 100 000 habitants en France accordaient 0,1 franc, la Grande-Bretagne attribuait 0,65 francs et les 29 plus grandes villes américaines accordaient annuellement 1,3 francs par habitant en faveur de leurs bibliothèques municipales.

Sur le plan quantitatif, les bibliothèques coloniales ont connu un essor relativement important après la seconde guerre mondiale ; mais sir l'on supprime celles qui n'existaient que par leurs noms le déchet, comme disait autrefois Gabriel Esquer, serait grand. Loin de former un ensemble organique, les bibliothèques coloniales assez nombreuses travaillaient en ordre dispersé.

Si la Bibliothèque universitaire était la mieux appropriée à l'objet auquel elle a été destinée, l'absence de rapport entre les autres bibliothèques, ne favorisait pas le développement d'un système cohérent d'organisation. Outre l'absence de rapport entre elles, les bibliothèques coloniales étaient insuffisamment prises en charge ; elles ne disposaient ni de moyens humains, matériel et financier, ni d'une politique d'ensemble à même de les insérer dans le processus de développement de la société. Ces carences sont principalement imputables à l'absence d'une organisation et d'un soutien administratif, une question qui relève, d'une manière générale, de la politique culturelle de la France en Algérie, une politique dont les moyens ne convenaient pas ou plutôt ne suffisaient pas à la réalisation de ses objectifs.

Dans le même ordre d'idées, l'inspecteur général des bibliothèques, Pierre Lelièvre écrit sur ce point précis dans son rapport d'inspection en 1947 : « n'y aurait-il pas quelque ironie à dépenser tant d'effort pour maintenir notre crédit intellectuel dans les pays étrangers les plus lointains (et l'on ne saurait qu'y applaudir) et à négliger de le soutenir dans les pays de l'Union française ? Quand on voit ce que sont les bibliothèques de l'Afrique du Nord, on ne peut que s'alarmer de notre indifférence et de notre inertie en ce domaine ».[1]

C'était dans cet état d'indifférence et d'inertie qu'ont végété les bibliothèques de l'Algérie de la conquête au moment où le développement battait son plein dans les bibliothèques anglo-saxonnes et scandinaves. Comparativement à ce qui se passait de par le monde à cette époque, le retard des bibliothèques algériennes n'était en fait qu'un prolongement du retard de la politique française dans le domaine de la bibliothéconomie, une politique qui concevait la bibliothèque en tant que « réservoir » en limitant principalement sa fonction à la conservation au lieu de lui assigner le rôle de « déversoir » partant du principe que les livres sont destinés aux lecteurs et pas à la bibliothèque.

En somme, la France coloniale a étouffé la bibliothèque musulmane sans pour autant réussir à la supplanter, d'une manière efficace, par une bibliothèque européenne à même de jouer le rôle d'une bibliothèque moderne au sens strict du terme. Ainsi, l'impact de la bibliothèque coloniale sur le développement et l'évolution des bibliothèques algériennes se résume dans le fait d'introduire la notion de bibliothèque moderne en Algérie en créant une panoplie de catégories de bibliothèques dont les plus importantes telles que la Bibliothèque nationale, la Bibliothèque universitaire et bien d'autres qui continuent, jusqu'à l'heure actuelle, à fonctionner au rythme de la période coloniale, un mode de fonctionnement qui s'était avéré, tout le long de ce travail, inefficace il y a déjà plus d'un siècle : mais il continue tout de même à exister dans les bibliothèques de la période

---

[1] LELIEVRE, Pierre. op. cit. p.55

postcoloniale de l'Algérie. Ce qui est certain, c'est que l'Algérie ne pourra en aucun cas faire face aux exigences de ce troisième millénaire avec des bibliothèques héritées de la période coloniale dont les fondements de leur politique de fonctionnement ont été remis en cause, il y a déjà longtemps, par la France elle-même qui s'est rendu compte de son retard par rapport aux pays anglo-saxons et même à certains pays d'Europe.

Conclusion

Pour faire face à la réalité actuelle qui n'est ni celle de la période coloniale ni celle de la période postcoloniale, l'Algérie est aujourd'hui appelée, plus que jamais, à revoir sa politique en matière d'information scientifique et technique d'une manière générale sur la base d'une définition rigoureuse des objectifs de l'utilisation de moyens adéquats pour pouvoir restaurer et insérer les systèmes d'information documentaire dans le processus de développement de la société.

C'est dans ce sens qu'il convient de situer l'apport de ce travail qui se veut une contribution à la réflexion sur les problèmes inhérents à la bibliothèque algérienne dont les causes de la crise de la bibliothèque d'aujourd'hui tirent leur origine de celle d'hier : c'est pourquoi il ne saurait être possible de comprendre l'état actuel de nos bibliothèques et d'amorcer une réflexion sérieuse en vue de les restaurer sans passer par la compréhension des conditions de création, de gestion, d'organisation et de fonctionnement des bibliothèques de la période coloniale qui sont d'ailleurs celles d'aujourd'hui ou presque.

La bibliothèque d'hier, aujourd'hui en crise, est la principale raison de notre recherche qui s'inscrit dans un processus de réflexion sur la bibliothèque de demain.

Les bibliothèques sous le protectorat et au lendemain de l'indépendance au Maroc[1]

Ahmed-Chouqui BINEBINE

Depuis le XIXème siècle, le Maroc fait l'objet de la convoitise de plusieurs puissances étrangères. Ce sont finalement la France et l'Espagne qui réussissent à établir un protectorat de jure sur le pays et ce par le traité de Fès signé en 1912. L'œuvre de ces deux puissances dans le domaine de la culture est d'importance inégale.

Dès son installation au Maroc, la France s'applique à l'étude d'une meilleure organisation dans le domaine culturel notamment celui des bibliothèques, laissées pendant longtemps à l'état d'abandon. Des inventaires furent établis, des catalogues dressés, des manuscrits restaurés et reliés, de vieilles hizanas rénovées et réaménagées, d'autres furent créées. Moins importante que celle des Français, l'œuvre espagnole relative aux bibliothèques fut tardive. Il a fallu attendre les années quarante pour voir paraître des projets ambitieux telle que la création à Tétouan, de la bibliothèque générale en 1940 et la direction des archives et bibliothèques en 1943. Bousculés par l'Indépendance (1956), les Espagnols n'ont pu mener jusqu'au bout ces projets.

Après l'Indépendance, les autorités marocaines ont poursuivi cet effort de réorganisation. Quelles sont donc les réalisations effectuées dans le domaine des bibliothèques depuis le début du siècle jusqu'à nos jours ?

---

[1] Texte extrait de la thèse présentée devant l'Université Michel de Montaigne Bordeaux 3 en vue de l'obtention du doctorat en sciences de l'information et de la communication (1985, 420p.) sur L'*Histoire des bibliothèques au Maroc.*

A) Réorganisation des bibliothèques :

a) Inventaires et catalogues :

La déshérence certaine dans laquelle se trouvait le patrimoine considérable conservé dans les hizana marocaine appelait la mise en œuvre de mesures efficaces tant en ce qui concerne la préservation que la mise en valeur et l'accroissement des fonds. Après avoir procédé à une enquête approfondie dans les principales villes, le Protectorat, pour assurer la conservation des bibliothèques appartenant aux établissements habous[1] et les protéger contre le vol, les pertes, la destruction par l'humidité, les vers et les rongeurs, procéda à un inventaire général des ouvrages composant ces bibliothèques. Car inventorier les fonds d'une hizana est une préoccupation primordiale.

Ces inventaires établis, bien qu'incomplets à cause de l'incompétence du personnel, ont néanmoins fait apparaître aux Français que les hizana existaient non seulement dans les centres universitaires, mais un peu partout au Maroc. Que ces bibliothèques étaient toutes aménagées à l'intérieur des mosquées ou des zawiyas dans des pièces exiguës, privées d'air et de lumière, où les livres étaient littéralement entassés, que les livres étaient tous attaqués par la moisissure et les mites et en voie de perdition certaine à plus ou moins échéance ; qu'un grand nombre d'ouvrages avaient disparu et que d'autres se trouvaient encore entre les mains des particuliers en vertu de prêts remontant souvent à plusieurs dizaines d'années.

---

[1] Avant le Protectorat, toutes les bibliothèques publiques appartenaient aux établissements habous. Dès leur installation au Maroc, les Français créèrent la direction des habous qui en a pris la responsabilité.

Une réorganisation totale paraissait donc s'imposer. La priorité a été donnée à la hizana de la Qarawiyyin qui, jouissait d'une grande réputation, passait pour avoir la plus riche collection des manuscrits arabes au Maroc. Dès les premières années du Protectorat, fut désignée une commission[1] temporaire de deux savants de l'Université de la Qarawiyyin à savoir Abd al-Hayy al-Kattani et Abd al-wahid al-Fasi, assistés de l'orientaliste A. Bel délégué du secrétaire général du gouvernement chérifien de Fès. Elle avait pour mission d'examiner ce qui restait de livres dans la hizana, de les remettre en bon état, de compléter ce qui étaient incomplets, même en les recherchant hors de Fès, de classer les manuscrits, d'en évaluer l'importance et de les cataloguer[2]. « Elle devait prendre pour guide, écrit A. Bel, l'organisation des autres bibliothèques des villes policées de l'orient et de l'occident et dresser des répertoires en indiquant, pour chaque ouvrage soigneusement examiné, ses caractéristiques »[3].

Après deux années de travail, le premier catalogue méthodique d'une hizana vit le jour au Maroc[4]. Le premier réalisé à Fès s'étendit à la bibliothèque de l'université de Ben youssef, à Marrakech, et à d'autres villes du royaume. Un certain nombre de bibliothèques habous[5] ont été

---

[1] Cette commission fut proposée par le ministre de l'éducation et de la justice de l'époque, le très docte Abu Su ayb al-Dukkali.

[2] D'après Dagher, les orientalistes français furent les premiers à dresser des catalogues méthodiques des Mss des bibliothèques d'Afrique du Nord. Voir Dalil al-Acarib p.89 Beyrouth 1947

[3] A. Bel : Catalogue de la Qarawiyyin p. 5

[4] Le premier catalogue de la Qarawiyyin a été établi par R. Basset en 1883 et publié sous le titre : Les Mss de deux bibliothèques de Fès (Qarawiyyin et Rcif) publié dans le bulletin de correspondance africaine 1883

[5] R. Basset a déjà fait connaître à A. Bel qu'il compte entreprendre la publication de tous les inventaires des livres des bibliothèques

inventoriées, étiquetées et classées soit dans les mosquées soit dans une pièce de « nizara » qui s'en occupe[1]. Ce sont ces inventaires dressés par des savants indigènes choisis et recrutés par la direction des habous, et revus et complétés par des spécialistes qui ont servi de base à la publication de catalogue méthodique. Rétablir l'ordre dans les bibliothèques est un souci inhérent à la fonction de ces institutions : n'est-ce pas les rendre ainsi à leur véritable destination qui est de faciliter les recherches des savants et d'aider à la propagation de la culture parmi le grand public ?[2]

b) Inventaires et catalogues :

Dans la zone nord du Maroc, la réunion de quelques collections de livres[3] a permis aux Espagnols de créer une bibliothèque au sein du secrétariat général du gouvernement. Faute de personnel qualifié, seul le travail administratif a été fait afin de préserver et de conserver les livres. En somme tout ce qui a été fait dans cette région pendant les vingt premières années du Protectorat n'était fait que sur un plan d'essai. Dans le reste du pays, après avoir pris connaissance des inventaires et catalogues dressés, après avoir constaté l'état inquiétant des hizana marocaines et après avoir pris en considération les suggestions de techniciens et de

---

appartenant au service des habous marocains. Voir A. Bel Catalogue de la Qarawiyyin p3 note 1

[1]Ce sont les « nazir », responsables des biens habous, qui sont chargés par la direction des habous d'établir des inventaires de toutes les bibliothèques habous.

[2] Après l'Indépendance, le ministère des habous s'est fondé sur ces catalogues pour retrouver les Mss perdus, les éditer et les publier.

[3] Collection envoyée d'Espagne (200 volumes). La collection de le Vasseur. Dons faits par Muhammad ibn yacis, par Clément Cerdeira et E. Alvarez-Sanz y Tubao. Voir Fernand Valderrama Martinez : Histoire de la accion cultural de Espana en Marruecos p. 695

bibliothécaires, le Protectorat français décida officiellement la réorganisation de ces institutions. Le résident général, dans une lettre du 23 juin 1931, a prescrit à la Direction des Affaires chérifiennes d'organiser les bibliothèques sur des bases nouvelles et d'en confier le soin au service du contrôle des Habous. Un accord est intervenu en 1931 entre ce service et la bibliothèque générale[1] du Protectorat sur la base suivante :

1°) Conservation, amélioration et réorganisation des bibliothèques existantes.

2°) Création de nouvelles bibliothèques, autant que possible jumelées à celles qui existaient déjà. Les travaux de construction et d'aménagement seraient payés par les habous, tandis que la bibliothèque générale prendrait en charge l'organisation et la direction technique des nouveaux établissements, les dépenses de fonctionnement (personnel et achat de nouveaux livres pour compléter le fonds souvent insuffisant des habous)[2]

Au terme de cet accord, un certain nombre de bibliothèques a été réaménagé, agrandi et amélioré. C'est ainsi qu'en 1932 une nouvelle hizana a été construite sur un emplacement contigu à la grande mosquée de Rabat[3]. Elle comprend un patio, une salle de lecture, un dépôt de livres et diverses dépendances. Elle a été confiée à la direction de la bibliothèque générale, qui, après l'avoir

---

[1] La bibliothèque générale a déjà été construite à cette époque ; nous y reviendrons ultérieurement.

[2] Voir sur le fameux accord : J. Luccioni : Les bibliothèques habous au Maroc in : Bull économique et social du Maroc p. 235 vol. XIX Année 1955

[3] A vrai dire, il s'agit d'une rénovation, car une hizana existait déjà sur cet emplacement.

dotée de nombreux ouvrages de toute nature complétant heureusement la collection des habous l'a organisée suivant les conceptions modernes[1] A Fès, après les mesures prises par le Protectorat pour remédier à l'état de décadence dans lequel se trouvait la bibliothèque de la Qarawiyyin, cette hizana connut un franc succès. Des milliers de lecteurs l'ont fréquentée et de nouveau les locaux se sont avérés insuffisants pour abriter les manuscrits et les imprimés et permettre le fonctionnement rationnel du service réorganisé. C'est ainsi qu'en 1938, il a été décidé que les habous procéderaient, avec la participation financière de l'Etat, à la construction d'une grande bibliothèque conçue suivant les données de la technique moderne sans pour autant porter atteinte à l'esthétique de la vénérable mosquée Qarawiyyin[2]. Les nouveaux locaux ont été aménagés et meublés en s'inspirant des méthodes d'ordre et de classement des bibliothèques modernes.[3]

A Meknès, malgré les aménagements qu'on a apportés au local de la bibliothèque de la grande mosquée, l'administration des habous a été amenée à aménager deux nouveaux locaux comprenant une grande salle de lecture, deux chambres destinées au dépôt et au classement des livres et des dépendances. Les mesures nécessaires à la réorganisation et au fonctionnement de

---

[1] Luccioni : Les bibliothèques habous au Maroc p. 236

[2] Ibn Zaydan : Al-Durar al-Fahira p. 166-168

[3] A la suite de la réorganisation de la bibliothèque Qarawiyyin et après la concentration des collections des bibliothèques annexes, les numéros du nouvel inventaire ne correspondaient plus à ceux de l'ancien, de sorte que les cotes de la liste imprimée (reproduite par Brockelmann dans le Geschechte der arabischen literatur) étaient devenus inutiles. Ce changement fut à l'origine de l'élaboration d'un autre catalogue ajouté aux précédents par l'orientaliste Schacht et publié dans : Etudes d'orientalisme dédiées à la mémoire de Levi-Provençal t1 p. 271 sous le titre : Sur quelques Mss de la bibliothèque de la mosquée de Qarawiyyin.

cette hizana ont été prises. A Marrakech, la plus grande partie des livres habous se trouvait dans un pavillon attenant à la salle de prière de la mosquée Ben youssef avec laquelle il communiquait directement par une porte réservée aux musulmans. En dépit de l'agrandissement et de l'amélioration des anciens locaux de cette hizana, elle restait exiguë pour pouvoir regrouper les livres et les collections qu'elle recevait. La construction d'une nouvelle bibliothèque s'imposait. « Après quatorze mois de travail, écrit Luccioni, la nouvelle hizana comporte trois parties principales :

- L'aménagement rationnel de l'ancien pavillon en dépôt de livres
- La bibliothèque proprement dite, composée d'une vaste salle de lecture, d'une salle d'étude, d'un dépôt spécial pour les manuscrits précieux,[1] un grand bureau pour les bibliothécaires et enfin un beau patio avec vasque de marbre
- Un centre médico-social pour les étudiants[2]

Dans la ville de Ouazzane, le sanctuaire de My Abd Allah al-Sarif disposa d'une hizzana renfermant l'une des plus importantes collections du Maroc. Les habous ont aménagé de nouveaux locaux, bien conçus et bien aérés, qui ont permis de loger et de classer les livres dans de bonnes conditions.

Les collections des mosquées et des sanctuaires des autres villes du royaume ont fait sous le Protectorat français l'objet de la même sollicitude. Après avoir procédé au réaménagement, à la reconstitution et à l'inventaire des richesses bibliographiques du Maroc, le

---

[1] C'est ce qu'on appelle aujourd'hui « salle de réserve ».

[2] Luccioni : Bibliothèques habous au Maroc p. 240. A noter que la bibliothèque se trouve actuellement dans la prestigieuse résidence du Glaoui, Pacha de Marrakech sous le Protectorat.

Protectorat, constatant l'état pitoyable des hizana, prit l'initiative de réunir toutes les bibliothèques en une seule[1]. Ce groupement permit de protéger les livres attaqués par les mites, la moisissure et l'humidité, de les traiter, les ranger, les classer et les mettre à la disposition du public. Ainsi, nous voyons choir dans la bibliothèque de la Qarrawiyyin presque toutes les collections des autres mosquées enseignantes telles que celle de « Rcif » et de « Fas al Gadid », des medersas et de quelques filiales des zawiyas implantées dans la ville de Fès.

Sont transférés dans la bibliothèque de la grande mosquée de Meknès les livres de toutes les petites mosquées ainsi que la collection de la zawiya Alawiya. Ont été incorporées à la bibliothèque Ben youssef à Marrakech les hizanas des mosquées Bab Doukkala, Sidi Bel Abbès, la Koutoubia et la mosquée des surfa du quartier Mouassine[2]. Au lendemain de l'Indépendance, les Marocains ont poursuivi cette tâche. Outre les petites bibliothèques publiques, les hizana privées ont été incorporées aux bibliothèques principales des grandes cités. Le transfert des collections particulières ainsi que celles des zawiyas du « Sus », dans le sud du royaume, à l'Institut des études islamiques de Taroudant en 1957 en est un exemple. Grâce aux efforts déployés aussi bien par le Protectorat que par les Marocains l'un des précieux éléments du patrimoine spirituel et scientifique du Maroc a pu être ainsi conservé.

---

[1] Déjà Hassan 1er (m. en 1984), constatant la décadence des bibliothèques marocaines, avait ordonné le groupement des bibliothèques en une seule.

[2] C'est en 1938 que les collections de cette mosquée ont été transférées à la bibliothèque Ben youssef par les soins de Gaston Deverdun ;voir : Marrakech des origines à 1912 t1 p. 265

B) Fondation de nouvelles bibliothèques :

L'action du Protectorat ne se limitera pas à l'établissement des catalogues et à la rénovation d'anciennes hizanas, mais elle s'étendra à la fondation de nouveaux types de bibliothèques permettant le développement de la recherche scientifique au Maroc. Dès les premières années du Protectorat, les instituts d'enseignement et de recherche, créées à Rabat, vont être dotées de très importantes bibliothèques. Deux bibliothèques générales seront fondées respectivement à Rabat et à Tétouan. Les grandes cités du Royaume vont être pourvues d'un nouveau type de hizana à savoir les bibliothèques municipales. La direction des archives et bibliothèques, fondée en 1943 à Tétouan par les Espagnols, contrôlera toutes les bibliothèques de la zone nord du pays.[1] Le lendemain de l'Indépendance, l'œuvre du Protectorat sera poursuivie. D'autres hizana publiques feront leur apparition. Les ministères des affaires culturelles et du plan déploieront beaucoup d'effort dans ce domaine.[2]

Quelle est la genèse de ces nouvelles institutions et quel rôle ont-elles joué aussi bien dans la conservation du patrimoine que dans le développement de la recherche ?

- Les bibliothèques d'étude et de recherche :

1. La bibliothèque de la Section Historique

Créée par arrêté viziriel du 19 septembre 1919, avec mission de « rechercher dans les archives et bibliothèques de France et de l'étranger, tous documents intéressant

[1] Les bibliothèques publiques et municipales de la partie du Maroc sous Protectorat français seront soumises au contrôle de la B. G. de Rabat.

[2] Création du C.N.D. et de l'I.S.I.

l'histoire du Maroc, de les transmettre et de les publier »[1], la section historique du Maroc a des origines plus anciennes antérieures même à l'établissement du Protectorat. Dès 1902, le Comte Henry De Castries[2] eut alors l'idée, en l'absence d'auteurs arabes modernes sérieux et d'archives marocaines accessibles, de rechercher dans les principaux Etats européens les documents diplomatiques ou autres pouvant servir à la composition d'une histoire du Maroc. Le travail de De Castries ne tarda pas à donner ses fruits. En 1905, ce savant publia, dans un premier volume, le résultat de ses premières recherches. C'est l'ouvrage intitulé « Les sources inédites de l'histoire du Maroc »[3].

En 1918, le Protectorat français, considérant l'importance toute exceptionnelle de l'œuvre de De Castries, décida de faire sienne l'entreprise et de donner à l'auteur les moyens de la poursuivre et de la développer. Ainsi, le bureau d'études que De Castries avait créé à Paris devint un service du Protectorat, comme section historique de la Direction des renseignements et des Affaires indigènes. « A la mort de De Castries, écrit Gotteland, survenue le 10 Mai 1927, le service a été rattaché la Direction générale de l'Instruction Publique.

---

[1] Gotteland : La section historique du Maroc p. 15 voir aussi G. Demonbynes L'œuvre française en matière d'enseignement au Maroc p. 244-245

[2] Le dahir du 11 Juillet 1914 nommait le colonel Henry De Castries conseiller historique du gouvernement chérifien avec mission de préparer l'organisation d'un service des Archives.

[3] La publication est divisée en deux séries correspondant aux deux dernières dynasties qui ont régné sur le Maroc : Première série 1530-1660, dynastie sadienne, Deuxième série 1660-1847, dynastie filalienne, jusqu'au traité de Lalla Magniya (traité de délimitation entre la France et le Maroc). Chaque série comprend six sous-séries correspondant aux pays d'où proviennent les documents. France, Angleterre, Espagne, Portugal, Pays-Bas, dépôts divers (Italie, Allemagne, Autriche, Belgique, Danemark...)

Depuis le 1er Mai 1929, il est installé à Paris, 4 rue de Lille[1]. M. le Marquis de Dampierre, héritier du comte de De Castries, suivant les volontés de son père adoptif a mis la bibliothèque, que celui-ci avait réunie, à la disposition de la Section Historique »[2]. Cette section n'est pas seulement un centre d'archives relatives à l'histoire du Maroc, elle est aussi une hizana qui renferme la plupart des ouvrages essentiels pour les travaux d'histoire marocaine. En vertu de son rattachement à la Direction de l'Instruction publique il a été décidé de la considérer comme une succursale de la bibliothèque générale de Rabat sous le nom « Section historique » du Maroc[3]. Une collaboration étroite s'établit entre les deux bibliothèques. A l'Indépendance du Maroc, seule une partie de cette hizana est récupérée par l'Ambassade du Maroc en France.[4]

2. La bibliothèque de la section sociologique :

Comme la section Historique, la Section sociologique, créée sous le Protectorat et rattachée à la Direction des Affaires indigènes, a des origines plus anciennes, antérieures même à l'établissement du Protectorat. Dès 1904, une mission scientifique française s'installa à Tanger[5]. Son but, scientifique en apparence, était de préparer, par la connaissance du milieu indigène, la pénétration française au Maroc. La Mission scientifique de Tanger publia ses travaux dans une collection qu'elle a

---

[1] L'emplacement actuel de la bibliothèque de l'Ecole des Langues Orientales.

[2] Gotteland : La Section Historique du Maroc p. 17

[3] Décret ministériel de 10/04/1931

[4] Une bonne partie de cette collection a disparu.

[5] Fondée par Le Chatelier, la Mission scientifique de Tanger est à sa tête, peu de temps après sa création, le célèbre et brillant orientaliste Michaux-Bellaire. Voir G. Demombymes : L'œuvre française en matière d'enseignement au Maroc, p. 224

créée appelée les Archives Marocaines. Elle publia en outre une revue, la revue du monde musulman[1]. La Mission était pourvue d'une belle et riche bibliothèque dotée de manuscrits et d'ouvrages se rapportant à l'histoire du Maroc. Les fonds provenaient essentiellement des acquisitions[2]. Les autorités du Protectorat ont procédé par la suite au transfert de la Mission à Salé. La belle et prestigieuse bibliothèque qu'elle possédait a aussi été déménagée. Ses précieuses collections ont été d'une grande utilité pour les chercheurs marocains et étrangers qui s'intéressaient à l'histoire et à la civilisation du Maroc[3].

3. Les bibliothèques de l'Ecole Supérieure d'Arabe et de dialectes berbères et de l'Institut des hautes études marocaines

Dès son installation au Maroc, en 1912, le Protectorat français créa l'Ecole supérieure d'Arabe et de dialectes berbères[4]. Son but était de permettre aux nouveaux

---

[1] En 1927, cette revue a été remplacée par la revue des études islamiques dirigée par L. Massignon indépendamment de la section sociologique.

[2] La Mission a pris l'habitude, durant ses premières années d'existence, de publier dans les premières pages de la revue des Archives Marocaines la liste des ouvrages qu'elle a pu se procurer et qui sont entrés à sa bibliothèque. Les volumes VI et VII de l'année 1906 contiennent les livres récemment achetés, par exemple, al-budur al-dawiya d'Al-Hawwat qui retrace l'histoire des marabouts de la fameuse zawiya de Dila, un manuscrit de médecine, en hébreu, provenant de la bibliothèque privée du juif Merebbi Rabbo, voir Hesp. p. 77 note 5, année 1934

[3] E. Blochet a dressé un catalogue des livres de la Mission scientifique : catalogue du Musée de la Mission scientifique du Maroc, 1909. Voir As ad Dagher : Dalil al-a arib p. 90 Beyrouth 1947

[4] Dans la zone nord, les Espagnols ont créé en 1929 à Tétouan l'Académie d'Arabe et de Berbère. Elle deviendra par la suite le Centre des Etudes Marocaines. (C.E.M.)

arrivants d'apprendre l'arabe et surtout le berbère très répandu au Maroc[1]. La nouvelle institution fut de bonne heure pourvue d'une bibliothèque dotée d'ouvrages relatifs aux matières enseignées et se rapportant essentiellement à l'histoire marocaine. « Dès sa fondation en 1912, écrit L. Provençal, l'Ecole Supérieur d'arabe et de dialectes berbères se préoccupa de réunir le plus grand nombre possible d'ouvrages arabes se rapportant à l'histoire littéraire et politique du Maroc et de l'Espagne Maure. Elle put, dans les grandes villes du Maroc, à Fès surtout, faire acheter quelques manuscrits anciens ou copier quelques uns de ceux qui lui étaient signalés dans les bibliothèques privées »[2].

En 1918, cette hizana possédait 126 manuscrits d'ouvrages inédits ou rares. Elle put s'enrichir en cette même année par l'acquisition totale de la bibliothèque d'un grand personnage qui venait de mourir Meknès al-muhtar al-susi : 340 imprimés et 396 manuscrits arabes vinrent s'ajouter au fonds arabe déjà existant. « Pour les ouvrages qui comportaient plusieurs volumes, la tomaison n'était pas toujours complète»[3].

La hizana de l'Ecole Supérieure était la première collection de livres et de manuscrits réunis au Maroc ayant trait à l'histoire et à la civilisation de l'occident musulman. En 1920, l'Ecole Supérieure céda la place à l'Institut des hautes études marocaines, organisme de recherche et établissement d'enseignement à la fois. La collection de la bibliothèque de l'ancienne école constitua la première série du fonds des manuscrits de la hizana du nouvel Institut[4]

---

[1] L'Ecole Supérieure publie une collection appelée : Les Archives berbères.

[2] L. Provençal : Les Mss arabes de Rabat Intr. 1921

[3] ibidem

[4] Dès sa constitution, l'I.H.E.M. publia le bulletin de l'Institut des Hautes Etudes Marocaines. En 1921, il sera fusionné aux Archives

L. Provençal, directeur de l'Institut à cette époque, s'occupait également de la bibliothèque, il publia le premier catalogue méthodique et détaillé des manuscrits arabes conservés en terre marocaine : « Cette première série, écrivait-il, comprend un nombre relativement considérable d'œuvres purement marocaines, se rapportant principalement au droit, à la littérature proprement dite, à l'histoire et à l'hagiographie : ainsi pour citer quelques uns : Al-muntaqa al-maqsur d'Ibn al-Qadi, Iltiqat al-durar d'al Qadiri etc...[1] Cette collection comprend également des œuvres arabes écrites en dehors du Maroc, quelques-unes sont précieuses et inédites à cette époque comme le traité d'Ibn Liyun al-tugibi (m. en 750 h) intitulé Al nuhba al-ulya min adab al-dunya wal-dine[2]. Comme les deux hizana précédentes, la bibliothèque de l'Institut des hautes études marocaines était d'une grande utilité pour les arabisants français qui s'occupaient des études marocaines[3]

4. La bibliothèque de l'Institut scientifique chérifien

Dès l'année 1914, le Protectorat français décida, sur proposition du professeur Louis Gentil, de créer un institut destiné à organiser les recherches nécessaires à l'exploration scientifique du pays, c'est-à-dire à promouvoir et à coordonner les études dont le Maroc

berbères publiées depuis 1912 par l'Ecole supérieure d'Arabe et de dialectes berbères. Cette fusion donna naissance à la revue Hesperis qui deviendra, en 1960, Hesperis Tamuda après sa fusion avec la revue de la zone nord, Tamuda.

[1] L. Provençal : Les Mss arabes de Rabat : intr. 1921

[2] Ibidem : Ce Mss est conservé aujourd'hui à la B. G. de Rabat sous la cote D. 1265.

[3] Quand le Protectorat français décida de créer une bibliothèque générale accueillante à tous, il choisit comme emplacement, d'abord l'Institut lui-même dont la bibliothèque constitua la première série des fonds de cette hizana.

physique était l'objet, indépendamment des travaux d'histoire, d'archéologie, de linguistique, d'ethnographie et de sociologie qui sont du domaine des lettres[1]. Rattaché à la Direction de l'enseignement, l'Institut scientifique, organisé en 1920, commença à fonctionner dès 1921[2]. Outre ses sections administratives, ses différentes sections scientifiques et ses laboratoires, l'Institut comprend une bibliothèque scientifique. Celle-ci, d'après l'arrêté viziriel du 6 Mars 1921, forme une section de la bibliothèque générale du Protectorat[3]. Elle s'est constituée, d'après Gotteland, en partie par des legs et des dons, comme la collection de livres de paléontologie qui faisait partie de la hizana privée du géologue Bergeron et que sa femme a bien voulu remettre à l'Institut scientifique. Le professeur Louis-Gentil a complété ce don par toute une série de volumes sur la géologie générale.

A la mort du professeur Battandier, la bibliothèque s'enrichissait à nouveau d'une collection très importante d'ouvrages de botanique sur la flore nord-africaine[4] La bibliothèque se constituait par les acquisitions et l'échange. Elle recevait, par abonnement ou échange contre les publications de la société des sciences naturelles du Maroc, les revues les plus intéressantes du

---

[1] Gotteland : L'Institut scientifique chérifien p. 15

[2] La fondation de cet Institut a permis la création de la société des sciences naturelles du Maroc le 19 juin 1920, dont le but était de grouper toutes les personnes qui s'intéressaient aux sciences naturelles. Elle fut chargée de publier les travaux de l'Institut scientifique et reçut une subvention de cet établissement ; elle publiait également les travaux de ces membres, se rapportant à l'histoire naturelle du Maroc. Son périodique s'appelait : Bull de la société des sciences naturelles du Maroc.

[3] Arrêté du 6 Mars 1921 article 6 n°3

« L'Institut scientifique a pour objet de : réunir les éléments d'une bibliothèque scientifique destinée à former une section de la bibliothèque générale du Protectorat et d'assurer la garde et la consultation des ouvrages qui la composent.

[4] Gotteland : L'Institut scientifique chérifien, p. 33

monde entier. Dès sa fondation, cette bibliothèque était pourvue d'un atelier de reliure. La confection d'un fichier (auteur et matière) a été entreprise. Cette bibliothèque a joué sans conteste un rôle éminent dans le développement de la recherche scientifique du Maroc. Les bibliothèques d'étude et de recherche[1] faisaient partie d'abord de la bibliothèque générale du Protectorat. Mais depuis 1924, elles commencèrent à se détacher d'elle et devinrent autonomes. Telles furent les premières bibliothèques d'étude et de recherche au Maroc. Qu'en est-il des bibliothèques publiques et plus particulièrement des bibliothèques générales et des bibliothèques municipales ?

b) Les bibliothèques publiques :

Sachant que les bibliothèques d'étude et de recherche ne pouvaient recevoir qu'un nombre restreint de chercheurs spécialistes, les « Protecteurs » sentirent la nécessité de créer des hizana accueillantes à tous. Deux types de bibliothèques destinés au grand public firent ainsi leur apparition : les bibliothèques générales et les bibliothèques municipales.

Quelles informations possédons-nous sur l'origine, la formation, l'organisation et les caractéristiques de ces institutions ? Quel rôle ont-elles joué dans la propagation de la culture pendant et après le Protectorat ?

---

[1] Il est utile de mentionner les hizana des nouveaux collèges établis au Maroc sous le Protectorat français notamment le collège My Idris à Fès, collège des fils de notables à Azrou, le collège My Youssef de Rabat et le collège Muhammad V à Marrakech. Chaque établissement a été doté, dès sa création, d'une bibliothèque adaptée à ses besoins, dont les fonds constamment enrichis, ont malheureusement disparu aujourd'hui. (L'éminent orientaliste Ch. Pellat m'a appris qu'il a trouvé, chez un bouquiniste d'Alger, un exemplaire du dictionnaire de Kasimirski ayant appartenu au Lycée Lyautey de Casa.).

Les bibliothèques générales

La Bibliothèque Générale de Tétouan.

Dans les années trente, les Espagnols pensent sérieusement à la création, dans la zone nord, d'une bibliothèque spécialisée dans les questions marocaines. Jusqu'en 1939, une petite hizana, jouant le rôle de bibliothèque générale, était installée au Centre des études marocaines. Dans la même année un fonctionnaire du corps universitaire, archiviste, bibliothécaire et archéologue, Gustavino Gallent, fut envoyé spécialement à Tétouan avec la mission de créer la bibliothèque générale[1]. On installa cette bibliothèque au bas de l'édifice qu'occupait le C.E.M. Elle comprend une salle de lecture et une annexe pour le travail du personnel auxiliaire[2]. En 1940, fut inaugurée la première section de la bibliothèque générale, il s'agit de la section populaire qui sera constituée par la fusion des collections suivantes :

S.E.U. :	1198 volumes
Casino des sous-officiers de Tétouan	1143 volumes
Casino des sous-officiers de Ceuta	931 volumes
Bibliothèque municipale de la zone	869 volumes[3]

A la section populaire vinrent s'ajouter la section centrale, la section enfantine, le département des manuscrits et des raretés et une salle de périodiques ou hémérothèque[4]. Le fonds initial d'environ 4500 volumes

---

[1] Fernando Valderrama Martinez : Historia de la accion cultural de Espana en Marruecos 1912-1956 p.696

[2] ibidem

[3] OP. Cit p.697

[4] Dès 1920, on a commencé à organiser une hémérothèque sous l'égide de la Résidence générale espagnole. En 1946, elle fut rattachée

avec lequel a commencé la bibliothèque générale fut enrichi et augmenté par les acquisitions et surtout par les dons. Ainsi, en février 1944, fut acquise la bibliothèque privée du Sarif Sidi Ahmad ben al-Saddiq al-Darqawi qui comprenait 3423 volumes imprimés et 500 manuscrits[1]. Dans la même année fut acquise la bibliothèque Ladron de Guevara de Larache qui contenait quelques manuscrits arabes. En 1945, d'autres hizana privées ont été incorporées à la bibliothèque générale, telle la bibliothèque de Mr. Richardo Rviz Orsatli de Tanger qui comprenait entre autres un astrolabe marocain du XVIIIème siècle avec un cadran solaire et un recueil factice comprenant différentes œuvres relatives aux sciences astronomiques[2].

En 1945, la bibliothèque générale est transférée au local qu'elle occupe aujourd'hui. Elle réussira à préserver son caractère de bibliothèque fondamentale de la zone tant par la qualité que par la quantité de ses fonds bibliographiques.

Organisation et caractéristiques :

La bibliothèque générale de Tétouan a été organisée suivant les conceptions modernes sous le contrôle du directeur de la hizana Mr. Guillermo Gustavino Gallent. Les différentes sections de cette institution ont été pourvues de catalogues établis par des spécialistes formés à Tétouan[3]. Gallent élabora lui-même plusieurs

---

à la Direction des archives et bibliothèques. Voir Historia de la accion de cultura, p. 712

[1] OP. Cit p.699

[2] ibidem

[3] Du 1er Mars au 15 Avril 1945, un cours de spécialisation en Archives et bibliothèque a été organisé au profit du corps administratif. Le programme, proposé et dirigé par le directeur de la bibliothèque lui-même, comprend : l'archéologie, la bibliologie, l'archivistique, la bibliothéconomie, l'histoire de la culture et l'histoire de l'art.

catalogues tels que le catalogue des auteurs en 1941, le catalogue de la section des raretés de la bibliothèque en 1942 et le catalogue des matières des livres relatifs à l'Islam et à l'Afrique en 1952. Ahmad al-Maknasi rédigea le catalogue des auteurs et des titres de la section arabe en 1952. Al-Bustani dressa le catalogue des manuscrits arabes. La classification des imprimés et des manuscrits a été faite selon les normes de la classification décimale universelle (C.D.U.).

Quant aux caractéristiques, la bibliothèque générale se distinguait par la détention du catalogue central des bibliothèques de la zone pour les informations bibliographiques[1], chaque bibliothèque devant lui remettre deux exemplaires de son catalogue. Outre la consultation sur place, la bibliothèque générale assure le prêt à domicile. Un service de prêt fut installé dès 1944 à la section populaire[2].

La bibliothèque générale reçoit le dépôt légal et pratique l'échange avec d'autres pays. En 1953, la création de l'administration de distribution et de l'échange des publications enrichit le département. La bibliothèque générale reçoit ainsi toutes les publications qui se font par le biais des instituts de recherche à Tétouan et par les organismes officiels du ministère de l'éducation nationale. Bien qu'elle centralise les travaux de documentation bibliographique de la zone, la Bibliothèque Générale de Tétouan est contrôlée techniquement, comme toutes les autres bibliothèques

---

[1] Le service d'information bibliographique sera centralisé à la B.G. du Protectorat. On y réunit un catalogue central de toutes les bibliothèques de la zone, on y réunit également le plus grand nombre des répertoires bibliographiques et catalogues imprimés des bibliothèques se trouvant en dehors de la zone du Protectorat. Article 17 de l'ordonnance du 17.02.1943 du Bull officiel du 28.02.1943

[2] Les articles 15 et 16 de la réglementation de la Direction des archives et bibliothèques autorisent le prêt aux lecteurs ainsi que le prêt interbibliothèques. Bull officiel n°32 du 20.11.1944

publiques, par la Direction des archives et bibliothèques. La réunification du pays, au lendemain de l'Indépendance, priva la Bibliothèque Générale de Tétouan du rôle qu'elle jouait auparavant comme bibliothèque fondamentale de la zone. Avec la disparition de la Direction des archives et bibliothèques, cette hizana sera soumise, comme toutes les autres bibliothèques publiques du Maroc, au contrôle du ministère des affaires culturelles[1].

La Bibliothèque Générale de Rabat

Après avoir procédé à l'inventaire des richesses bibliographiques du Maroc, le Protectorat français acquit la conviction de la nécessité d'établir des bibliothèques publiques ouvertes à tous. C'est ainsi que fut décidé, en 1919, la création d'une Bibliothèque Générale à Rabat. Le statut de cette bibliothèque, fixé par dahir[2], soulignait son caractère public. Elle fut dotée de la personnalité civile, son administration confiée à un conseil présidé par le directeur général de l'Instruction publique et constitué par des représentants du Souverain, du Gouvernement et de l'Administration et par des délégués de la colonie[3].

La collection de l'Institut des hautes études marocaines forma le noyau de la bibliothèque générale. Cette collection se rapportait essentiellement à l'histoire et à la civilisation de l'occident musulman[4]. La bibliothèque générale s'enrichit également d'un certain nombre de collection particulières comme celles de Ma' al Aynayn, du

---

[1] C'est la Bibliothèque Générale de Rabat qui jouera le rôle de bibliothèque nationale du Maroc indépendant.

[2] Dahir du 1er Novembre 1926

[3] Bibliothèque générale du Protectorat : Historique (1912-1930) p. 18

[4] La Bibliothèque Générale de Rabat prit pour tâche de réunir tous les livres relatifs à l'histoire de l'Afrique du nord et de l'Occident musulman. Dans les années 40, cette section était considérée comme la plus riche de la bibliothèque générale et sa collection la plus complète de toutes les bibliothèques du monde.

lettré Al-Hag al-Muhtar ben Abd Allah, fils du Pacha de Meknès du club allemand à Tanger, du gouverneur général Clozel, de M. Bernard fonctionnaire algérien, du consul de France M. Leriche. En 1936, la bibliothèque de la section sociologique, installée à Salé, lui fut rattachée définitivement. Au lendemain de l'Indépendance, plusieurs bibliothèques privées, confisquées par l'Etat, vinrent enrichir ses fonds : celle du Glaoui et celle du très docte Abd al-Hayya al-Kattani[1] étaient les plus importantes.

Organisation et caractéristiques

Organisation

La bibliothèque générale comprend différents département confiés chacun à un conservateur.

- *Le département des imprimés*

Cette section de la hizana ne réunit pas seulement les livres imprimés, elle comprend également des périodiques. Les premiers fonds imprimés proviennent surtout d'acquisitions exceptionnelles des hizana privées. Ces fonds sont aujourd'hui le produit d'achats réguliers[2]. Quant aux périodiques[3], la bibliothèque générale est abonnée à un grand nombre de publications. Des dizaines de revues lui parviennent en échange. Au temps du Protectorat, la bibliothèque maintenait avec l'Institut des

[1] Les deux hizana sont désignées par les lettres G et K. A noter que la bibliothèque d'Al-Kattani était la plus importante et la plus riche collection privée du Maroc. D'après son possesseur, la valeur de ses fonds dépassait 3 milliards en 1950. Bou Jandar lui a consacré plusieurs articles publiés dans le quotidien marocain arabe al-Saada.

[2] Le département des imprimés renferme aujourd'hui 600.000 volumes.

[3] 5.000 titres aujourd'hui.

hautes études marocaines des liens étroits. Cette relation lui permettait de disposer de la revue « Hesperis », organe de l'Institut, et de l'utiliser comme instrument d'échange. La C.U.D[1] est le système de la classification pratique dans ce département.

- *Le département d'archives et des manuscrits*

La bibliothèque générale tient lieu d'archives nationales[2]. La section d'archives précéda même la création de la bibliothèque. Quand en 1914, De Castries fut nommé conseiller historique du gouvernement, il fut en même temps chargé de préparer l'organisation d'un service des archives[3]. Mais il a fallu attendre 1921 pour que la section d'archives commence à s'organiser. Les premiers fonds étaient constitués par les documents d'archives des consulats français avant l'avènement du Protectorat[4]. Après l'Indépendance, le Maroc disposa d'un organisme national le C.N.D[5]dont le rôle sera d'assurer la conservation des archives de l'Etat et de ses documents historiques. L'édifice abritant les archives[6] abrite

---

[1] Classification Décimale Universelle

[2] Le dahir de 1926 permet à la bibliothèque générale de Rabat de recevoir et de conserver les archives administratives après avoir passé deux années dans leurs propres administrations. En 1952, il a été décidé de construire un édifice spécial attenant à la bibliothèque générale pour abriter les archives.

[3] Il s'agissait à l'époque des archives historiques.

[4] La pièce la plus ancienne est le journal du consulat pour l'année 1767. A noter que les archives se chiffrent aujourd'hui par milliers.

[5] Centre National de Documentation. Créé en 1968 par le ministère du plan, ce Centre est automatisé et dispose d'une microthèque.

[6] Le département des Mss renferme également des dossiers d'archives administratives et historiques qui sont classés parmi les livres Mss et numérotés de la même façon que les livres. Une fiche spéciale se réfère à chaque dossier comme pour les Mss. C'est dans l'Antiquité et pendant le Moyen-Age que les sections d'archives étaient confondues

également les manuscrits[1]. Dès sa constitution, ce département fut confié à des arabisants aussi qualifiés que L. Provençal et G.S. Colin[2].

- *Le département des estampes et des médailles :*

Au début, le département des estampes était peu riche. « Nous nous bornerons, écrit Gotteland, à signaler l'acquisition faite en 1926, au moment où elle allait partir pour l'Amérique, d'une pièce à peu près unique : les cinq feuilles en bon état de la vue de Marrakech, par Adrien Mathan (1641)[3]. Quant au médailler, il renferme la plupart des types de monnaies des dynasties marocaines. D'après Gotteland, les premiers fonds provenaient d'achats faits à M. Rouland-Mareschal, en 1922-24, et d'un dépôt que le service des habous a bien voulu consentir en 1930[4]. Dès sa création, la direction de la Bibliothèque Générale de Rabat a toujours été confiée à un conservateur qui supervise et dirige le travail bibliothéconomique. En 1920, M. De Cénival prit la direction du nouvel organisme. Il fixa les règles définitives du classement, adoptant le principe du catalogue unique sur fiche (catalogue matières et catalogue auteurs fondus). Le travail bibliothéconomique entrepris par les conservateurs de cette institution ne se

---

aux Mss. Cet état de chose prit fin avec la Renaissance et l'invention de l'Imprimerie.

[1] Le nombre des Mss de la bibliothèque générale dépasse 30.000 aujourd'hui.

[2] C'est à L. Provençal que nous devons le premier catalogue des Mss de la B. G. de Rabat. D'autres catalogues ont été établis par ses successeurs parmi les Orientalistes et les Marocains tels que R. Blachère et Allouch. A noter que ce département renferme aussi les microfilms dont le nombre est de 2 300 aujourd'hui.

[3] Gotteland : Bibliothèque générale et archives du Protectorat, à noter que le nombre des estampes dépasse 500 aujourd'hui.

[4] ibidem

limitait pas à la bibliothèque générale, il s'étendait aux autres hizana du Royaume. La bibliothèque générale se proposait d'englober les collections de toutes les bibliothèques publiques et privées et de les cataloguer[1]. Ces catalogues collectifs, une fois clairement établis, auraient permis de savoir avec précision dans quelle bibliothèque était conservé tel ou tel manuscrit. Compte tenu de l'importance de la tâche et de ses multiples difficultés, ce projet n'a jamais pu être mis à exécution.

Caractéristiques de la Bibliothèque Générale de Rabat

La Bibliothèque Générale de Rabat, qui tient lieu aujourd'hui de bibliothèque nationale, présente des caractéristiques analogues à celles des bibliothèques nationales des pays européens. Elle est la seule habilitée à recevoir le dépôt légal qui fait obligation à l'éditeur de fournir sans franchise quatre exemplaires à la bibliothèque générale[2]. Elle établissait une bibliographie nationale que publiait chaque année la revue Hesperis. Elle tient le rôle de centre national d'information bibliographique : c'est dans ce sens qu'elle rédige un

---

[1] La B. G. de Rabat se serait inspirée des catalogues généraux établis pour plusieurs bibliothèques dans les capitales européennes comme par ex : le catalogue rédigé par la bibliothèque royale de La Haye et valable pour cinquante bibliothèques hollandaises, ou le catalogue élaboré à la bibliothèque nationale de Paris qui comprend le fonds de périodiques d'environ 70 bibliothèques françaises. Le projet ambitieux de la B.G. fait penser au projet grandiose des deux bibliothécaires belges Paul et Otlet qui avaient l'intention de publier un catalogue mondial des imprimés. Cette entreprise n'a pas abouti à cause de son ampleur.

[2] Le dépôt légal fut confié à la D.G. par dahir du 01.11.1926. En France, ce fut François 1er par qui institua, le premier, le dépôt obligatoire, en ordonnant, en 1537, aux imprimeurs français de remettre à la bibliothèque du Roi un exemplaire de tous les livres imprimés par eux. Voir Svend Dahl : Hist. du livre p. 154

bulletin hebdomadaire d'informations faisant connaître au public, par voie de presse, les titres des ouvrages et des articles de revue ou de quotidiens reçus à la bibliothèque. Elle procède à la publication d'une bibliographie rétrospective : c'est ainsi qu'elle a amorcé, dès les années 20, la constitution d'une bibliographie complète des travaux publiés sur le Maroc, antérieurement à l'apparition d'Hesperis.

Outre ces particularités, la bibliothèque générale possède un droit de contrôle sur les autres bibliothèques publiques du Royaume. Celles-ci sont soumises à son inspection par dahir du 01.11.1926. « L'inspection des bibliothèques marocaines à la charge de préparer la répartition entre les bibliothèques publiques locales, des subventions de la bibliothèque générale, d'assurer la coordination des achats entre les différentes bibliothèques, d'établir l'unification des procédés de classement et de catalogage, de centraliser les travaux de documentation bibliographiques »[1].

La bibliothèque générale pratique aussi le prêt des livres[2]. Cette particularité sera facilitée et améliorée par les bibliothèques municipales nouvellement créées dans les principales villes du Royaume. Tels sont les renseignements dont nous disposons sur la constitution, l'organisation bibliothéconomique et les caractéristiques de la Bibliothèque Générale de Rabat[3]. Qu'en est-il des autres bibliothèques publiques en l'occurrence les bibliothèques municipales ?

---

[1] Article 5 du dahir du 01.11.1926

[2] Le prêt des livres est consenti gratuitement à toute personne désirant s'instruire : 3 à 5 livres pour une période de 15 jours. Les livres Mss ne sont pas prêtés, ils sont consultés sur place.

[3] Elle est aujourd'hui la bibliothèque nationale du Maroc. Elle tend à devenir une médiathèque parce qu'elle rassemble toutes sortes de documents imprimés ou non.

Les bibliothèques municipales

Afin de faire face aux besoins d'un public qui se développe et se diversifie chaque année, le Maroc a été amené à fonder, à côté des Bibliothèques Générales de Rabat et de Tétouan, d'autres bibliothèques publiques à savoir les bibliothèques municipales. Les bibliothèques municipales sont des bibliothèques publiques au service des collectivités locales. Elles sont les principaux organes de la lecture publique. Leurs collections s'accroissent des acquisitions réalisées par les villes[1]. Les raisons qui ont présidé à leur création sont multiples.

D'abord, la disparition de la quasi-totalité des hizana des mosquées et des medersas qui ont joué pendant plusieurs siècles le rôle de bibliothèques publiques avait créé un vide qu'il fallait combler. Ensuite, l'évolution de l'enseignement et le développement culturel du Maroc ne pouvaient qu'appeler la création de bibliothèques ouvertes à toutes les catégories de la nation.

Enfin, il fallait mettre le livre à la disposition du public marocain hors de la capitale, siège de la bibliothèque générale. En effet, presque chaque ville du pays, du nord au sud, est dotée d'une bibliothèque municipale. En ce qui concerne les bibliothèques du nord du Maroc, elles étaient contrôlées et orientées par la Direction des archives et bibliothèques[2].

Quant à celles des autres villes du pays, elles étaient subventionnées et soumises à la gestion technique de la Bibliothèque Générale de Rabat. Celle-ci est chargée par le gouvernement de prendre contact avec les autorités qualifiées de chaque ville pour obtenir que soit prévu

---

[1] Ce sont les conseils municipaux qui s'en occupent aujourd'hui.

[2] A noter que des bibliothèques municipales existent avant même la création de la Direction des archives et bibliothèques. La B.M. de Tétouan est fondée en 1932, celle de Larache en 1934 et celle de Chaouen en 1940.

dans les plans d'aménagement des municipalités un emplacement réservé à la bibliothèque. La mission des bibliothèques municipales est capitale[1]. Au sein des services publics de la lecture l'on peut dire qu'elles jouent un rôle fondamental dans la diffusion culturelle, littéraire et documentaire.

Grâce à la coopération directe et dynamique établie entre la bibliothèque générale et les bibliothèques municipales, ces dernières jouant aisément leur rôle de hizana publique. Elles sont en quelque sorte des filiales de la bibliothèque générale, jouant le rôle d'intermédiaire entre celle-ci et les différentes catégories de lecteurs. Ces lecteurs peuvent en effet emprunter les livres de la bibliothèque générale sur simple demande à leur bibliothèque municipale. Cette procédure heureuse sert efficacement la vulgarisation de la culture et de la science parmi les diverses catégories de la nation marocaine.

Conclusion

Le passage des bibliothèques marocaines de l'état traditionnel à l'état moderne s'effectue grâce aux efforts fournis aussi bien par le Protectorat que par le Maroc indépendant. Certaines bibliothèques ont été inventoriées et cataloguées, d'autres rénovées ou réaménagées, d'autres encore créées.

Sorties d'une longue période d'abandon et de misère, les bibliothèques marocaines assurent de nouveau leur responsabilité culturelle et une bonne partie du patrimoine arabo-marocain se trouve sauvegardée[2].

---

[1] Ce sont les B.M. qui ont la mission la plus étudiée (documenter et informer chaque citoyen dans tous les domaines), le public le plus divers, les fonds les plus diversifiés et les modes d'utilisation les plus complets.

[2] Le Ministère des affaires culturelles créa, en 1969, le prix Hassan II. Cette initiative a incité les Marocains à prendre conscience de leur

Les Marocains ont en effet tiré un grand profit des efforts déployés par les Européens dans ce domaine : ils n'ont pas manqué de continuer l'œuvre commencée par le Protectorat[1].

patrimoine culturel et à lui prodiguer leurs soins. En créant ce prix, le Ministère espérait faire entrer dans les collections publiques, sinon les originaux, du moins les copies des plus importants Mss dont les particuliers sont en possession.

[1] En 1974, l'Institut des Sciences de l'Information (I. S. I.) a été crée pour former des informatistes dont la tâche est de s'occuper des archives et des bibliothèques.

Partie II :

Le modèle bibliologique colonial français en Afrique noire.

Cas du Congo Brazzaville.

L'évolution de l'enseignement colonial jusqu'aux indépendances en Afrique noire francophone[1]

Emile OKOMBA

Trois grandes périodes caractérisent l'évolution de l'enseignement colonial en Afrique noire francophone. Une première période allant des origines de la colonisation jusqu'à 1903, une deuxième période de 1903 à 1944, date de la conférence de Brazzaville, une troisième enfin de 1944 à 1960, année marquée par l'accession à l'indépendance de la presque totalité des territoires sous domination coloniale. A ces trois périodes situées sous le régime colonial, il convient d'ajouter une quatrième s'étendant de 1960 à nos jours.

A°) Période avant 1903 :

La première période que nous examinerons peut être qualifiée d'une période de tâtonnements. En effet, s'il se montre déjà préoccupé par le problème, le colonisateur n'a pas encore réussi à mettre au point une doctrine définissant la place et le rôle de l'enseignement applicable à l'ensemble des nouveaux territoires sur lesquels il exerce son autorité. Ainsi qu'on le voit, l'enseignement va se développer de façon autonome dans chaque territoire et sera souvent tributaire d'initiatives isolées, émanant d'organismes publics ou privés, voire de simples individus.

---

[1] Texte extrait de la thèse présentée devant l'Université Paris 7 Denis Diderot en vue de l'obtention du doctorat (nouveau régime) en sciences de l'information et de la communication (1990, 621p.), sur « *L'édition et la distribution du livre en Afrique noire francophone* ».

En raison de l'ancienneté de la colonisation[1], le Sénégal va occuper sur le plan de l'enseignement une place privilégiée par rapport aux autres régions. Certaines sources historiques rapportent que la première entreprise notable est due à un instituteur, Jean Dard, officiellement affecté par le gouvernement français au Sénégal et qui introduit en 1817 à Saint Louis un système d'enseignement mutuel. S'inspirant des méthodes mises au point en France pour l'instruction des classes sociales les plus défavorisées, Jean Dard utilisait dans son école le concours des élèves les plus âgés pour la formation des plus jeunes. En outre, Jean Dard prit une initiative pédagogique en faisant précéder le cycle de formation générale dispensé en France d'un cycle d'alphabétisation en wolof. Jean Dard mourut en 1833 mais l'école primaire qu'il avait fondée fonctionna jusqu'en 1942, et ces vingt-cinq années permirent de former les premiers maîtres et moniteurs africains.[2]

Cependant, même de son vivant, l'expérience de Jean Dard ne fut pas étendue comme on aurait pu s'y attendre. En particulier le principe de l'alphabétisation des jeunes sénégalais dans leur langue maternelle heurtait les esprits des autres enseignants de la colonie. On revient alors à un cycle primaire entièrement dispensé en français mais sans initiation préalable des élèves à cette langue et les résultats sont médiocres. C'est pour tenter de remédier à cette situation que le gouvernement fait appel en 1841 à la communauté des « Frères » de l'instruction chrétienne de Ploërmel. Deux d'entre eux vont reprendre l'école primaire de Saint-Louis et deux autres fonderont une

[1] Certaines sources historiques révèlent que la France y rétablit son autorité en reprenant en 1815 l'île de Gorée et St Louis aux Anglais.

[2] GAUCHER (J) – Les débuts de l'enseignement en Afrique francophone, Paris, Le livre africain, 1968 : p. 198

école à Gorée[1]. Leur enseignement comportait essentiellement un programme de grammaire et de calcul. Ainsi, dans cette première moitié du XIXe siècle, l'enseignement reste extrêmement limité puisqu'on ne compte au total, en 1854, date de l'arrivée de Faidherbe, que quatre écoles (deux à Saint-Louis et deux à Gorée), dix-sept maîtres ou maîtresses touchant cinq cent quatre-vingt-dix élèves.[2]

Faidherbe va entreprendre une réforme du système d'enseignement et mettre au point la première doctrine cohérente en matière d'enseignement colonial. Deux idées essentielles vont l'inspirer dans cette réorganisation : il estime tout d'abord que l'enseignement relève de droit du domaine du gouvernement de la colonie et doit, à ce titre, avoir un caractère institutionnel. Ceci l'amènera à créer un certain nombre d'écoles laïques qui lui semblent mieux convenir à une population islamisée. Il pense, d'autre part, à la différence de certains membres de l'enseignement confessionnel, que l'enseignement ne doit pas avoir seulement pour but d'inculquer aux indigènes une certaine mentalité conforme aux vues du colonisateur mais aussi d'insérer ces derniers dans la nouvelle société issue de la conquête et de leur donner un statut particulier. C'est ainsi qu'il fonde, en 1855, l'Ecole des Otages, où devaient en principe être instruits les fils de chefs, et qui fonctionna jusqu'en 1881. Par ailleurs, Faidherbe augmente le nombre des écoles à Saint-Louis mais aussi dans l'actuelle région du fleuve Sénégal, notamment à Digana et à Podor. Lorsque Faidherbe quitte le Sénégal en 1865, l'effectif des scolarisés se montait pour la ville de Saint-Louis à deux cents filles et six cent

---

[1] HARDY (G) – L'enseignement au Sénégal de 1817 à 1854, Paris. Larose, 1920 ; p.46-61

[2] Même auteur – Op.cit.

soixante garçons[1]. Bien que lente, la progression se poursuit après son départ ; entre 1857 et 1895, des écoles sont mises en place à Sedhiou, Bakel, Dakar, Louga, Rufisque et Matam ; en 1884, une école secondaire est ouverte à Saint-Louis ; en 1893, l'Ecole des Otages est rétablie sous le nom « d'Ecole des Fils de Chefs ». Comme on peut l'imaginer, ces écoles ont des effectifs réduits et fonctionnent de façon souvent irrégulière en raison du manque de maîtres qualifiés si bien qu'à la veille du XXe siècle la situation reste encore très semblable – sur le plan des effectifs et sur le plan de la qualité de l'enseignement– à ce qu'elle était à l'époque de Faidherbe.

Dans les autres territoires, l'enseignement est pratiquement inexistant, mis à part le Congo et le Soudan. Dans ce dernier territoire, Gallieni avait créé, comme le rappelle Jean Suret-Canale[2], des écoles réglementaires mises en place au fur et à mesure de la conquête. A la fin du siècle, on compte une trentaine d'écoles : vingt-cinq écoles de cercle, deux écoles urbaines, à Kayes et à Médine, une école de fils de chefs créée en 1866 et qui groupera en 1902 soixante-quinze élèves et enfin une école professionnelle. Les effectifs se montaient à environ huit cents élèves.

En Guinée, l'administration n'est pas intervenue et la totalité des établissements sont confessionnels : en 1878, création par les élèves du Saint-Esprit d'une école à Boffa ; en 1890, ouverture par les sœurs de Saint-Joseph de Cluny d'une école de garçons à Conakry et d'une école de filles en 1893. Au total, on recense en 1898, cinq écoles, uniquement en Basse-Guinée et fréquentées par les trois cents élèves.

---

1 FLIS-ZONABEND (F) – Lycées de Dakar. Essai de sociologie de l'éducation, Paris, Maspéro, 1968, p.169

2 SURET-CANALE (J) – Afrique Noire, l'ère coloniale : 1900-1945, Paris, Editions sociales, 1964.

En Côte d'Ivoire, les premiers établissements scolaires apparaissent encore plus tardivement. On estime à treize le nombre d'écoles existant en 1893 ; sept écoles de garçons et une école de filles tenues par des missionnaires, cinq écoles de village tenues par des moniteurs africains. Au Dahomey (l'actuel Bénin), l'enseignement est donné, jusqu'en 1894, par des missionnaires portugais dans leur langue.

Après l'annexion du territoire par la France, on dénombre une vingtaine d'écoles installées dans les centres urbains de Ouidah, Porto-Novo et Cotonou. Dans les pays de la future Fédération de l'A.E.F (Afrique Equatoriale Française), seuls le Gabon et le Congo sont touchés par l'enseignement avant 1900. Au Gabon, on dénombre à Libreville trois cents élèves pris en charge uniquement par les sœurs de Saint-Joseph de Cluny installées depuis 1863 ; au Congo, la situation est plus favorable : on y compte en effet à la fin du siècle deux mille six cent cinquante-quatre enfants scolarisés encadrés par quatre-vingt-cinq instituteurs et institutrices.

De ce qui précède, cette première période de l'enseignement colonial se caractérise par une implantation encore très embryonnaire. Comme on a pu le voir, les effectifs restent extrêmement réduits en égard à la population générale des territoires considérés. L'administration, qui n'a pas encore forgé sa doctrine, ne s'intéresse que d'une manière sporadique au problème de l'enseignement et ce sont surtout les missions qui prennent en charge jusqu'en 1903 la quasi-totalité des établissements scolaires.

A cela, il faut ajouter certainement l'absence de maîtres qualifiés, c'est-à-dire ayant une formation comparable à celle de leurs collègues de la métropole. Et, c'est un bilan sévère que devait tracer en 1924, dans un texte du Journal Officiel de l'A.O.F (Afrique Occidentale Française), le gouverneur général Roume, lorsqu'il écrivait à propos de la période antérieure à 1903 :

« L'apparition des premières écoles au Sénégal remonte à 1817, période de la reprise définitive de la colonie. Faidherbe essaye bien de développer l'instruction des indigènes. Gallieni fit de même au Soudan en créant les premières écoles régimentaires. Mais ils n'eurent ni le temps, ni les moyens de réaliser pleinement leurs projets. Vers 1900, on pouvait compter, sur toute l'étendue du territoire, soixante-dix écoles environ, établies dans les principaux centres de l'intérieur et surtout de la côte. Elles étaient fréquentées par deux mille cinq cents élèves à peine. Elles étaient tenues par les missions ou dirigées par des maîtres dont une douzaine au plus étaient des instituteurs de carrière, engagés par contrat. Il n'existait en commun, ni service organisé de l'enseignement, ni cadre émanent du personnel. »[1]

B°) Période de 1903 à 1944 :

La seconde période que nous allons considérer et qui s'étend de 1903 à 1944 est marquée par un certain nombre de changements notables. En premier lieu, il faut noter que la doctrine coloniale se précise et assigne un rôle plus net aux territoires nouvellement conquis. L'économie de traite jusqu'alors limitée la plupart du temps aux régions côtières cède le pas à une exploitation plus systématique des richesses naturelles par le biais notamment du régime des concessions. Ensuite, sur le plan proprement politique, la nécessité d'établir une liaison entre les différents territoires se fait de plus en plus sentir et l'on commence à jeter les bases d'une administration centralisée. Les deux grandes fédérations

---

[1] ROUME – Journal Officiel de l'A.O.F – N°1024 – 10 mai 1924 cité par A. MOUMOUNI – L'éducation en Afrique, Paris, Maspero – 1964 – P. 42-43

vont être mises en place au début du siècle. Un décret du 16 juin 1895 crée la Fédération de l'A.O.F qui prendra sa forme définitive en 1904 et 1920. L'A.E.F est créée un peu plus tard en 1910.

Le développement de ces nouvelles administrations et l'accroissement des différents secteurs économiques rendent nécessaire l'utilisation de nombreux cadres subalternes autochtones. C'est ainsi que Maurice Delafosse soulignait cette nécessité vitale pour le système :

« Il ne s'agit plus seulement de doter ces écoles de maîtres indigènes destinés à suppléer au manque de maîtres européens. Il s'agit encore de doter toutes les branches de l'administration, de l'industrie, de l'agriculture, des services d'hygiène et d'assistance, d'un personnel indigène apte à seconder un personnel européen trop restreint et, dans une certaine mesure, à le remplacer le cas échéant. (...) De même qu'il nous faut des intermédiaires appartenant aux milieux indigènes par leurs origines et au milieu européen par leur éducation, pour faire comprendre aux gens du pays et pour faire adopter cette civilisation étrangère pour laquelle ils manifestent, sans qu'on leur en puisse tenir rigueur, un misonéisme bien difficile à vaincre. »[1]

L'administration, en raison de cette évolution, va prendre elle-même en charge le domaine de l'enseignement et ne peut plus, comme par le passé, en laisser le soin aux organismes confessionnels. Et cela, d'autant plus que les lois de 1903 sur les congrégations limitent le rôle de ces derniers en matière d'enseignement en amenant les pouvoirs publics à leur retirer la gestion écoles publiques et à ne leur laisser que les écoles qui leur

---

[1] DELAFOSSE (Maurice) – Bulletin de l'Education en A.O.F., n°33, juin 1917, op. cit. p.45

appartiennent en propre dans le cadre notamment des missions.[1] Le 24 novembre 1903, Roume, Gouverneur Général de l'A.O.F, signe trois arrêtés qui constituent, selon ses propres termes, « la première charte de l'enseignement dans ce pays »[2].

Le premier de ces arrêtés concerne l'organisation générale de divers ordres d'enseignement et prévoit un enseignement primaire élémentaire, un enseignement professionnel, un enseignement primaire supérieur et commercial, un enseignement des filles. Une Ecole Normale pour la formation des maîtres africains est également prévue. Les deux autres arrêtés concernaient l'organisation respective – et la distinction est significative – du cadre du personnel européen.

Quels étaient les différents ordres d'enseignement ? L'enseignement primaire se caractérise par l'existence de trois types d'écoles. Au niveau le plus bas tout d'abord, « l'école de village », dirigée par un moniteur indigène et située dans les villages d'une certaine importance, elle doit en principe recevoir tous les enfants du village. La durée du cycle est de trois ou quatre ans selon les écoles et le programme comporte l'acquisition des rudiments de français et de calcul et une initiation aux travaux agricoles. A l'issue de l'année scolaire, un certain nombre d'élèves de la dernière division sont proposés pour « l'école régionale ».

Située au chef-lieu du cercle, « l'école régionale » comprend, répartis sur un cycle de six années, les cours préparatoires et élémentaires, assurés par un instituteur adjoint, et le cours moyen assuré par un instituteur européen, directeur de l'école. Elle prépare au certificat

---

[1] Il faut signaler que la loi sur les congrégations sera appliquée en Afrique avec moins de rigueur qu'en France puisque le Gouverneur de l'A.O.F continuera à subventionner les écoles primaires tout au long de la période coloniale.

[2] Voir MOUMOUNI ; op.cit. p.45

d'Etudes primaires Elémentaires indigène, diplôme d'un niveau différent du C.E.P métropolitain et n'offrant pas les mêmes débouchés, ainsi qu'aux écoles d'apprentissage et aux écoles professionnelles.

« L'Ecole régionale » est fréquentée essentiellement par les enfants de la localité, les fils de chefs ou de notables et les meilleurs élèves des « écoles de village ».

Enfin, parallèlement à « l'école régionale », fonctionnait dans les chefs-lieux des colonies et les grandes ville « l'école urbaine ». Elle avait également un cycle de six ans mais était réservée essentiellement aux enfants des Européens et assimilés. Elle préparait à un C.E.P métropolitain et suivait ainsi un programme identique à celui qui existait en France. Après le cycle primaire, les élèves munis du C.E.P.E. indigène pouvaient entrer à « l'école primaire supérieure ». Celle-ci comprenait un cycle de deux ans sanctionné par un Diplôme d'Etudes Primaires Supérieures. L'Ecole primaire supérieure devait former des agents de l'administration et préparer aux concours des Ecoles Normales, situées à l'échelon fédéral.

Pendant les deux premières années du siècle, l'enseignement professionnel, bien que prévu par les arrêtés de 1903, reste très limité. De 1904 à 1924 va fonctionner à Gorée, l'école Pinet-Laprade destinée à former des contremaîtres et, à partir de 1912, « l'Ecole des Pupilles Mécaniciens de la Marine » à Dakar. A l'échelon fédéral, on trouvait l'Ecole Normale de Saint-Louis installée en 1904 à la place de « l'Ecole des Fils de Chefs. Cet établissement comportait une section administrative destinée à former des instituteurs sur une période de trois ans. Quant à l'enseignement secondaire, il n'est représenté jusqu'en 1914 que par un seul établissement à Saint-Louis du Sénégal, comprenant des classes de la 6e à la 3e et qui recrute des élèves parmi ceux qui ont suivi les cours de « l'Ecole Urbaine ».

C°) Période de 1944 à 1960 :

1°) Origines politiques de la réforme de 1948.

La deuxième guerre mondiale en modifiant considérablement la situation sociale et politique des pays coloniaux ainsi que les relations de ces derniers avec la métropole allait entraîner des changements notables dans le domaine de l'enseignement. En effet, les promesses faites par le colonisateur en échange des services rendus par l'Afrique Noire durant le conflit, la naissance des partis politiques africains et d'autres événements dont l'Afrique du Nord et l'Indochine étaient le théâtre rendaient nécessaire une remise en question d'un système scolaire typiquement colonial. Une nouvelle période allait commencer, caractérisée par la mise en place d'un enseignement presque identique à celui de la métropole.

Mais pour saisir pleinement les implications de cette réforme, convient-il de faire un survol rapide de l'évolution politique de l'Afrique Noire au lendemain de la guerre. Pendant toute la durée du conflit, l'Afrique n'avait cessé de prendre de l'importance sur le plan international. Elle avait constitué aussi bien au Nord qu'au Sud du Sahara un atout stratégique de première importance pour les Alliés et en outre, sur le plan de la politique intérieure française, elle avait offert aux dirigeants de ce pays avec le ralliement de l'A.E.F, puis des autres territoires, une base territoriale qui leur donnait les moyens matériels politiques d'accroître leur participation au conflit.

Cette importance prise soudain par le continent africain au cours des années de la guerre faisait par ailleurs de celui-ci un objet de convoitise entre les différents impérialismes, notamment américain, britannique. Aussi, dès que la victoire des Alliés apparut comme certaine, les dirigeants de la France décidèrent-ils de prendre un certain nombre de mesures destinées à permettre à la France de conserver une initiative dans l'évolution politique des territoires africains qu'elle administrait jusque là.[1]

C'est à ce besoin qu'allait répondre la « Conférence africaine française » de Brazzaville qui se déroula du 30 Janvier au 8 Février 1944.[2] La conférence qui réunit les gouverneurs et gouverneurs généraux d'Afrique Noire et de Madagascar fut présidée par le Commissaire aux colonies du Comité français de Libération nationale. La mise en place du système d'enseignement prévu par les arrêtés de 1903 se fait lentement de façon très inégale selon les territoires, malgré la création, en 1904, d'un poste d'inspecteur de l'enseignement et qui ne fonctionnera qu'à partir de 1908.

L'arrêté pris par la Côte d'Ivoire avait été mis au point avant la circulaire de Roume et parut le 16 juillet 1911, celui de Guinée, le 2 Janvier 1912 ; ceux du Dahomey (actuel Bénin) et du Sénégal, le 30 janvier 1913. Ces divers arrêtés constituent, pour reprendre l'expression de Moumouni, la « réorganisation de 1912 »[3] et qui se concrétise par un certain nombre de mesures révélatrices du caractère fédéral et autonome par rapport aux autres secteurs de l'administration que le colonisateur entend désormais donner à l'enseignement : création en 1912 d'un service de l'enseignement dirigé par le Gouverneur

---

[1] Voir « L'indigénat africain » in Notes et études documentaires.
Paris, secrétariat d'Etat à la Présidence du Conseil, n°290, 26 avril 1946

[2] Les préoccupations qui allaient être à l'origine de cette conférence avaient déjà fait l'objet d'une déclaration du Comité français de Libération Nationale, le 8 décembre 1943 sur l'Indochine dans laquelle était annoncé pour les peuples de cette région un statut politique nouveau caractérisé par la mise en place des libertés publiques et la participation des populations à la vie politique.

[3] Voir le texte de Roume déjà cité du 10 Mai 1924

Général assisté par un « inspecteur de l'enseignement en A.O.F »[1], création en 1913 du « Conseil Supérieur de l'Enseignement Primaire » et du Bulletin de l'Enseignement de l'A.O.F.[2] Au sommet de ce système d'enseignement se trouvent les Ecoles du gouvernement général ou Ecoles Fédérales. Elles vont constituer le plus haut niveau de qualification auquel peuvent prétendre les Africains.

La plus ancienne est l'Ecole Normale William Ponty, fondée à Saint-Louis en 1907 puis transférée successivement à Gorée, en 1913, et Sébi-Kotane – petite localité située entre Dakar et Thiès – en 1938. Les élèves sont recrutés sur concours au sortir de l'Ecole Primaire Supérieure et y effectuent une scolarité de trois ans. Trois sections leur sont offertes après une année commune : une section enseignement pour accéder au poste d'instituteur, une section administration pour la formation des employés de l'administration, une section de médecine qui permet d'entrer à l'Ecole de Médecine et de Pharmacie de Dakar fondée en 1916 et réorganisée en 1918 destinée à former en quatre ans des médecins auxiliaires et en trois ans des pharmaciens.

D'autres écoles normales seront mises en place au cours de cette période : l'école normale rurale de Katibougou en Haute-Volta (l'actuel Burkina Faso) fondée en 1934 forme des instituteurs, des surveillants d'agriculture et des agents des Eaux et Forêts ; l'école normale de Dabou en Côte d'Ivoire, fondée en 1938 destinée à former des moniteurs de l'enseignement rural ; l'école normale de jeunes filles de Rufisque (Sénégal)

---

[1] Le premier à occuper ce poste sera Georges Hardy, auteur par ailleurs du premier ouvrage de synthèse sur l'enseignement colonial : « Une conquête morale, l'enseignement en A.O.F » - Paris, Armand Colin, 1917

[2] Ce bulletin prendra par la suite le titre : « L'Education Africaine » et paraitra tout au long de la période coloniale.

fondée en 1939 forme des institutrices et des candidates à la section de sages-femmes de l'Ecole de Médecine de Dakar. Enfin, est créée à Bamako, en 1939, une école technique supérieure qui recrute sur concours des techniciens des Travaux Publics. Telles étaient les possibilités de promotion que l'enseignement colonial pouvait offrir aux jeunes Africains entre 1903 et 1945. La conférence tout en souhaitant une évolution libérale du statut politique et social des colonies écartait d'emblée toute idée d'indépendance comme le révèle le début du texte faisant état des « Recommandations » relatives à « l'organisation politique de l'empire ».

« Les fins de l'œuvre de la civilisation accomplie par la France dans les colonies écartent toute idée d'autonomie, toute possibilité d'évolution hors du bloc français de l'empire, la Constitution éventuelle, même lointaine, de self-governments dans les colonies est à écarter. »[1]

La Conférence semblait donc estimer que le progrès devait nécessairement passer par la voie de l'assimilation. Et cette volonté semble se lire dans l'article 2 du même chapitre relatif au problème de la représentation parlementaire des colonies :

« Il est indispensable que la représentation des colonies auprès du pouvoir central dans la métropole soit assurée d'une manière beaucoup plus efficace que par le passé. »[2]

Mais en même temps, la Conférence envisageait une évolution propre des territoires africains et souhaitait les regrouper au sein d'une « fédération », ce qui à notre avis impliquait une certaine autonomie. Il y avait donc une contradiction révélatrice des incertitudes des milieux dirigeants de l'époque et des limites que certains entendaient apporter à ce processus de libération. Tel

---

[1] Cf Notes et Etudes Documentaires – n°1031 du 17 mai 1949

[2] Ibid

était le climat politique qui allait donner naissance à la réforme de 1948.

2°) La réforme de 1948.

Pour être proche de nos préoccupations, nous examinerons cette rubrique sous l'angle de l'enseignement. La réforme qui découlait des nouvelles dispositions ne fut pas mise en place dès les débuts car les autorités se limitèrent, jusqu'en 1948, à appliquer le plan d'enseignement mis au point lors de la Conférence de Brazzaville. Ce plan d'enseignement[1] rappelait l'obligation de conserver le français comme langue d'enseignement et insistait surtout sur la nécessité d'étendre au plus grand nombre le système déjà existant. Il n'envisageait rien d'autre en définitive qu'un enseignement spécialisé nécessaire « à la formation des élites indigènes qui devront être appelées à tenir un nombre de plus en plus grand d'emplois dans le commerce, l'industrie et l'administration. »[2]

Une conférence chargée d'étudier les problèmes de l'enseignement en A.O.F se réunit à Dakar et envisage comme possibilité la création en vingt ans de 50.000 écoles primaires, 200 écoles supérieures et 75 écoles normales. Ce programme ne pouvait évidemment satisfaire les africains. En effet, l'école instituée dans les territoires français eut pour visée de ménager les transitions sans pour autant chercher à mettre en valeur le patrimoine culturel autochtone. L'opinion africaine s'élevait régulièrement contre les essais d'adaptation, y voyant, à juste titre bien souvent, une manœuvre pour maintenir l'instruction à un niveau inférieur par rapport à celle dispensée dans les métropoles, et pour refuser aux

[1] Voir Notes et Etudes Documentaires – n°1031 du 17 mai 1949
[2] Ibid « Questions sociales – enseignement »

populations cet accès rapide à une civilisation moderne auxquels leurs représentants les plus « évolués » aspiraient. Pour mieux parvenir à l'égalité, on revendiquait l'identité des enseignements. Quelles furent les caractéristiques de l'enseignement colonial en Afrique Noire francophone ?

Notre propos ici n'est pas de faire le bilan et moins encore le procès de l'enseignement colonial. Nous avons certes retracé dans un premier temps l'évolution des différentes structures de l'enseignement dispensé en Afrique Noire depuis les débuts de la colonisation. Cet exposé a permis de souligner notamment la liaison étroite qui existe entre l'évolution générale du système colonial et les plans d'enseignement successivement mis au point jusqu'à la veille de la période des indépendances. Mais nous ne pouvons en rester là. Aussi, convient-il de préciser maintenant les caractéristiques de cette culture proposée aux africains et quel en fut le support. Nous pourrons alors saisir en quoi cette culture diffusée par le canal de l'enseignement diffère de celle que nous avons examinée dans l'Afrique coutumière.

En effet, la culture européenne diffusée en Afrique par l'intermédiaire de l'école n'a touché, comme on a pu le voir, qu'un nombre limité de gens. La formation d'un certain type de cadres est indispensable pour assurer la bonne marche du système. Il faut en même temps veiller soigneusement à ce que l'enseignement ne contribue pas à la longue à remettre en question l'équilibre colonial fondé sur l'inégalité sociale et ne devienne comme l'écrit Georges Hardy « un instrument de perturbation sociale »[1]. Pour atteindre ce but, deux moyens seront mis en œuvre par le colonisateur. Celui-ci procédera d'une part à une sélection très sévère des élèves afin de limiter l'importance que pourrait certainement prendre cette

[1] HARDY (Georges) – op. cit. – p.12

nouvelle classe des « lettrés » ; il donnera, d'autre part, à l'enseignement au niveau des programmes un contenu élémentaire, consistant essentiellement en l'apprentissage de la langue française, de l'écriture, de la lecture et du calcul. En outre, les élèves seront soigneusement choisis en fonction de la place qu'occupent leurs familles dans la société africaine et des attitudes que celles-ci ont pu manifester vis-à-vis du colonisateur. Le souci qui était déjà celui de Faidherbe lorsqu'il créa à Saint-Louis du Sénégal « l'école des otages » - devenue « l'école des fils de chefs » - apparaît également chez Georges Hardy lorsqu'il définit les conditions du recrutement scolaire :

« Le recrutement de l'enseignement primaire supérieur doit faire l'effet d'un triage attentif : il s'agit, en effet, de faciliter l'accès des carrières administratives à ceux dont la famille a toujours secondé avec honneur notre œuvre civilisatrice et mis son prestige héréditaire au service de nos intentions, il s'agit de distinguer parmi les autres ceux dont les qualités de caractère sont absolument certaines, et il faut surtout, éliminer avec un soin impitoyable tous ceux dont les facultés, même brillantes, sont suffisamment équilibrées, tous ceux qui feront servir à la satisfaction de leurs appétits le savoir qu'on leur donnera, qui pousseront leurs congénères à des révoltes et qui garderont toute leur vie l'inquiétude et la cruauté des loups mis en cage. »[1]

Cette culture véhiculée par l'école institutionnelle aura pour support – et c'est là l'une de ces caractéristiques essentielles – le livre et comme nous l'avons souligné plus haut, la langue d'enseignement le français. Sur ce point, les artisans et les théoriciens de la politique coloniale sont à peu près unanimes. C'est ce principe qu'affirme déjà Victor Duruy, en 1885, lorsqu'il définit entre autres le rôle

[1] HARDY (Georges) – op. cit. – p.12

que devront jouer en Afrique le livre et la langue du colonisateur :

« Si l'épée soumet les corps, si la charrue enrichit les peuples, c'est le livre qui conquiert les âmes... Quand les indigènes apprennent notre langue, ce sont nos idées de justice qui entrent peu à peu dans leurs esprits ; ce sont des marchés qui s'ouvrent pour notre industrie ; c'est la civilisation qui arrive et qui transforme la barbarie. »[1]

Mais à ce stade les livres utilisés ne furent que des manuels scolaires qui ne permirent pas aux quelques élus des écoles coloniales d'acquérir la maîtrise et le goût de la lecture. Et nous savons que des débuts de la colonisation jusqu'en 1950 environ, l'enseignement en Afrique devait avant tout viser un but essentiellement pratique et avoir ainsi comme fonction principale de former des cadres subalternes. Le Gouverneur William Ponty, cité par Henri Sene déclarait en 1908 dans un discours d'ouverture du Conseil du Gouvernement :

« Rassurez-vous, il n'entre pas dans ma pensée de multiplier les établissements donnant autre choix qu'une instruction primaire très simple. Il faut, en effet, prendre nos populations au stade où elles en sont de leur évolution. Apprendre à l'indigène notre langue, à lire, à écrire, lui inculquer quelques rudiments de calcul avec quelques notions de morale, c'est suffisant pour le moment. Ces données, il peut les recevoir dans les écoles dirigées par des maîtres indigènes, une fois qu'il les possède l'enseignement doit, pour nos jeunes indigènes et en dehors d'une élite d'une culture peu élevée qu'il sera de notre devoir d'encourager, devenir et rester pratique. »[2]

---

[1] Cité par H. FROIDEVAUX – L'œuvre scolaire de la France dans nos colonies – Paris, Challamel, 1900 – p.20

[2] Gouvernement général de l'A.O.F – Colonie du Sénégal

En ce qui concerne les bibliothèques nous dit encore Henri Sene, la situation ne sera guère meilleure. Les premiers textes concernant la création et l'organisation de bibliothèques dans les colonies est une instruction ministérielle relative à « l'organisation et au fonctionnement des bibliothèques d'officiers aux colonies » qui date du 18 juin 1830 et qui stipule :

« Les bibliothèques d'officiers sont instituées pour servir de centres d'études aux officiers et assimilés ayant rang d'officiers. »[1]

L'année suivante, dans un rapport adressé à André Maginot alors ministre de la guerre, le ministre des colonies de l'époque Paul Reynaud notait que « les résultats obtenus imposent de soutenir et de favoriser ces organisations et à cet effet de leur donner un caractère officiel en les transformant par arrêté ministériel en cercles militaires ou bibliothèques coloniales de garnison. »[2]

Le décret sur « l'organisation des cercles et bibliothèques militaires aux colonies »[3] sera pris le 11 septembre 1931 et l'arrêté ministériel « portant création d'un cercle militaire dans les garnisons de Hanoï, Saïgon et Fort-de-France et fixant la liste des bibliothèques coloniales de garnison aux colonies »[4] date du 18 novembre 1932. Ainsi qu'on peut le constater, les civils ne pouvaient avoir accès à ces institutions militaires, parce que réservées exclusivement aux « officiers et assimilés ayant rang d'officiers. Ces bibliothèques n'avaient donc pas été mises en place pour servir les besoins de lecture

---

Rapport d'ensemble sur la situation politique, administrative, financière et économique et sur le fonctionnement des divers services pendant l'année 1905 – Saint-Louis – Imprimerie du Gouvernement

1 In Bulletin Officiel du ministère des colonies – 1930 – p.957

2 Ibid – 1931 – p.1645

3 Ibid – 1931 – p.1647

4 Ibid - 1932

des masses populaires des colonies, mais étaient plutôt destinées au personnel étranger de l'administration coloniale ou aux chercheurs qui y étaient affectés.

S'agissant des bibliothèques dans l'ensemble des colonies, Dadzie notait : « La situation des bibliothèques est à peu près la même dans les différents pays. En général, il y a dans chacun d'eux une grande bibliothèque territoriale qui était à l'origine la bibliothèque administrative du gouvernement local de la puissance coloniale. La gestion de ces bibliothèques a été confiée ensuite à des organismes scientifiques tels que l'Institut Fondamental d'Afrique Noire (I.F.A.N.) et ses centres locaux pour les pays de l'ouest africain, y compris le Cameroun et le Togo. »[1]

D'une manière générale, la situation du livre dans les colonies va donc être plus qu'une situation de dépendance. Cette situation s'explique d'abord par le fait que pour l'élève, le contact avec le livre assuré par l'administration coloniale ne se fera qu'à l'école. Dès lors, le manuel scolaire ne constituera pas un moyen d'accès à la lecture véritable. Ensuite, en dehors de l'école, l'élève n'a pas à sa disposition des structures telles que librairies, bibliothèques, maisons d'édition susceptibles de lui fournir matière à consolider ses connaissances. Dans ces conditions, le livre est resté un élément accessoire et l'écriture un outil essentiellement utilitaire et pratique. Il nous paraît très significatif à cet égard de noter le niveau très bas en langue française que devaient certainement présenter la plupart des élèves issus de l'école de l'époque. Quant à l'édition en Afrique Noire francophone, il nous paraît nécessaire de la replacer dans son contexte historique.

---

[1] DADZIE (Emmanuel W.KWAKUVI) – Les bibliothèques, la bibliographie et les archives dans les pays d'Afrique d'expression française – In Bulletin de l'UNESCO à l'intention des bibliothèques Vol XV. n°5, Octobre 1961 – p. 255

3°) L'édition jusqu'1948.

L'un des caractères les plus importants de l'édition africaine comme nous le verrons plus loin est un état de sous-développement culturel : difficultés de financement, situation de dépendance en raison de la nécessité de recourir à une aide extérieure, etc. Ces obstacles généraux depuis les origines jusqu'à nos jours sont ceux qui justement s'opposent à l'essor de l'édition et donc aussi de la lecture. Mais n'anticipons pas et examinons le chemin parcouru par l'édition en Afrique noire.

Les imprimeries administratives et missionnaires

Selon certaines sources historiques, la première imprimerie officielle fut implantée au Sénégal. D'abord établie à Saint-Louis, l'imprimerie du gouvernement général de l'A.O.F fut transférée à Gorée, puis à Rufisque. Une autre imprimerie officielle fut mise en place Porto-Novo, capitale du Dahomey, alors que l'imprimerie administrative de l'A.E.F était installée à Brazzaville. Par ailleurs, après la première guerre mondiale, l'imprimerie de la mission catholique de Lomé (installée par les Pères allemands du verbe divin avant 1944) constitua un précieux appoint. Enfin, il faut citer les imprimeries artisanales, qui publiaient parfois certains journaux locaux. Ce fut le cas de la presse à bras de Mme d'Almeida à Ouidah par exemple qui imprima deux livres de Félix Couchoro.[1]

Littérature éparse et manuscrits inédits.

Les difficultés de l'édition déjà mentionnées, l'éloignement du public littéraire font que des contributions importantes figurent dans des périodiques,

---

[1] Amour et féticheuse (1940)
Drame d'amour à Anécho (1950)

journaux locaux, ou revues scientifiques comme le Bulletin du Comité d'études historiques et scientifiques de l'A.O.F (à partir de 1916), l'Education Africaine (organe des enseignants d'A.O.F lancé en 1913), la Revue littéraire et artistique lancée à Dakar en 1925-1927 par Marcel Sableau et Massyla Diop ou la Reconnaissance africaine que le Révérend Père Aupiais anima deux années durant (1925-1927) au Dahomey. Il faut également signaler les revues missionnaires (Annales spiritaines, Echo des Missions Africaines de Lyon) et Anthropos, fondée par le Révérend Père Wilhelm Schmidt à Vienne qui accueillait les communications des Prêtres africains. Par ailleurs, sur les instructions de l'inspecteur général Charton, directeur de l'enseignement en A.O.F., les instituteurs avaient été invités à noter les traditions de leurs villages et leurs clans.

Pour sa part, M. Robert Cornevin, secrétaire permanent de l'Académie des Sciences d'Outre-Mer affirme que ces documents devraient normalement figurer dans les archives des directions de l'enseignement transférées aux archives nationales des nouveaux Etats. La plus grande partie de ces travaux a été publiée dans le bulletin de l'enseignement en A.O.F[1]. L'intérêt de ces textes ne doit pas être sous-estimé. Car ils révèlent – qu'il s'agisse par exemple des enquêtes effectuées au cours des vacances scolaires par les élèves de William Ponty sur le milieu, des travaux de Moussa Travélé[2], de Mamby Sidibé[3], de Dim

[1] Ce bulletin est devenu en 1934, l'Education africaine.

[2] Auteur d'un ouvrage sur le bamabara : Petit manuel français – bamabara, Paris – Librairie Orientaliste Paul Geuthner - 1910

[3] Mamby Sidibé est auteur de nombreux articles, parus essentiellement dans le Bulletin de l'enseignement en A.O.F et consacrés à la Haute-Volta : « Monographies de Fada N'Gourma (1918-1919), « Monographie de la région de Banfora » (1921-1923), « Contribution à l'étude de l'histoire et des coutumes des indigènes de la région de Bobo-Diou-Labso » (1927).

Delobson[1] et de Paul Mazoumé[2] - une connaissance précise de la société africaine traditionnelle et un effort indéniable pour réunir des matériaux solides.

Bien souvent aussi, il existe dans les familles africaines, pieusement conservées dans quelques vieilles cantines, des manuscrits comportant notamment la transcription de traditions orales. Ces manuscrits qui ont généralement la forme de cahiers d'écoliers, nous dit M. Cornevin, ont été parfois tirés de l'oubli avec un certain retard. Ce fut le cas notamment des cahiers de Rawane Boy[3] et de Yoro Diao[4] qui furent publiés par les soins de M. Rousseau, professeur au lycée Faidherbe à Saint-Louis du Sénégal, alors que les auteurs, anciens élèves de « l'Ecole des Otages » étaient morts depuis plusieurs décennies déjà. Le cas s'est produit également pour le rapport de Bou et Moghdad[5], fils de l'interprète de Faidherbe. Cette connaissance ethnographique du milieu africain au travers des textes et manuscrits a été incontestablement un préalable nécessaire à la constitution de la littérature africaine proprement dite au sud du Sahara.

4°) L'édition de 1948 à 1964.

L'élite coloniale, formée dans le système scolaire précédemment décrit, reçoit du colonisateur un certain nombre de moyens. Une langue tout d'abord – le français

---

[1] Auteur de deux ouvrages sur la société mossi (Haute-Volta) : L'Empire du Mogho-Naba. Coutumes des Mossi de la Haute-Volta. Paris – Domat-Mont-Chrestien 1932 et Le secret des sorciers noirs. Paris, E.Nourry, 1934.

[2] Auteur de : Le pacte de sang au Dahomey, Paris, Institut d'Ethnologie, 1937

[3] Cahiers de Rawana Boy – Etude sur le Toubé – Bulletin du comité historique et scientifique de l'A.O.F, 1931, p. 334-365

[4] Etude sur le Oualo – B.C.H.S. A.O.F. – 1929 – p. 133-211

[5] Publiés par les soins de Mme Désiré-Vuillemin – Revue d'histoire des colonies. Tome 39 – 1952 – p.103-126

– dont l'acquisition constitue à la fois un facteur de différenciation, d'individualisation par rapport au reste de la population autochtone illettrée et un moyen d'accéder à la nouvelle compréhension des réalités qu'introduit la mise en place de la société coloniale. Cette élite a acquis également l'un des diplômes proposés par le système scolaire. C'est à ce titre à vrai dire qu'elle nous intéressera car elle représente la catégorie des africains qui ont pu avoir accès à la culture européenne. C'est évidemment au sein de cette élite que se recruteront les premiers écrivains de langue française.

Créé en 1938, l'IFAN (Institut Français d'Afrique Noire) était dirigé par Théodore Monot. Ce dernier avait recruté pour cet organisme de recherche certains africains parmi les plus doués de leur génération tels Armand-Pierre Angrand, mulâtre de Gorée, Alexandre Adandé (Dahomey), Bernard Dadié (Côte d'Ivoire), Amadou Hampaté Ba (Mali), Boubou (Niger). A beaucoup d'entre eux, il devait donner leur chance et faciliter la publication de travaux dans les « Notes Africaines » ou dans le Bulletin de l'IFAN.

En dehors des œuvres de Léopold Sédar Sanghor, la période allant de 1946 à 1949 ne présente guère que des essais historiques. Ainsi, dans « Les Lébous de la presqu'île du Cap-Vert »[1] paru en 1947, A.P. Angrand, Lébou lui-même par toute une partie de sa famille, décrit la migration et l'installation dans la presqu'île du Cap-Vert des Lébous confrontés à l'hégémonie Wolof, puis à l'implantation française.

Le régime de Vichy avait laissé des marques et des Sénégalais avait pris fait et cause pour le Général de Gaulle. C'est pour retracer ces épisodes qu'est publiée à Thiès au Sénégal une étude d'Abd el Kader Diagne sur la

[1] ANGRAND (Armand-Pierre) – Les Lébous de la presqu'île du Cap-Vert Essai sur leur histoire et leurs coutumes, Dakar, Gensul, 1947, 143 p.

« Résistance française au Sénégal et en A.O.F. pendant la deuxième guerre mondiale. »

Deux hommes politiques gabonais, René-Paul Soussate et Hilaire Aubame, présentent des essais, l'un sur « La genèse de l'Union française pendant la guerre »[1], l'autre sur « La renaissance du Gabon »[2] où sont évoquées les possibilités de regroupement des villages. Au Tchad, d'où était partie la colonne Leclerc, le R.P.F (Rassemblement du Peuple Français) gaulliste était solidement implanté et c'est curieusement avec l'appui du R.P.F qu'est publié « L'empire de Rabah », éloge d'un conquérant généralement mal vu des populations tchadiennes. D'une autre plume est le livre publié sur « Les problèmes culturels de l'Afrique Noire »[3], par un jeune étudiant sénégalais, Cheik Anta Diop, qui va bientôt jouer un rôle de premier plan dans la prise de conscience historique et culturelle des Africains.

En 1950, des anthologies ont fait connaître au public européen des éléments importants de la littérature africaine. Quelques auteurs ont publié des essais historiques et politiques – Senghor va s'affirmer simultanément dans ces derniers domaines, mais surtout comme l'un des meilleurs poètes contemporains de langue française. Après « Chants d'Ombre » (1945), il a publié « Hosties Noires » (Seuil, 1948) et « Chants pour Naett » (Seghers, 1949). Il convient de rappeler qu'il est le premier lauréat africain du grand prix littéraire de la mer et de l'Outre-Mer.

Petit à petit et à compte-gouttes, les écrivains africains vont connaître le chemin des éditions parisiennes. Ainsi, l'entreprise des Editions du Seuil s'explique parfaitement avec Emmanuel Mounier, le grand écrivain catholique,

---

[1] SOUSSATE (René-Paul) – L'A.E.F berceau de l'Union française, Brodard et Taupin – 1947 – 143 p.

[2] Brazzaville – Imprimerie Officielle - 1947

[3] Paris – Association des Amis des Musées – 1948, 102 p.

directeur de la revue Esprit à l'époque et auteur de « La révolution personnaliste et communautaire » (1935), qui venait d'accomplir un périple africain. Ses notes de voyage publiées sous le titre « L'éveil de l'Afrique Noire »[1] témoignent d'une étonnante lucidité. Il révèle aux lecteurs français la valeur intellectuelle et spirituelle de l'intelligentsia africaine découverte au cours des escales de ce périple. Il faut signaler par ailleurs que M. Flamand, qui animait les Editions du Seuil, était un ami de longue date de Senghor, Maran, Damas.

Pour les éditions Fasquelle, J. Caillens raconte[2]une visite qu'il fit après la sortie des contes d'Amadou Koumba à M. Fasquelle. Celui-ci revenait d'un voyage en A.E.F. Il avait parcouru la brousse, vécu parmi les indigènes dont il vantait l'hospitalité. Les Editions Rieder avait publié en 1926 « Force-Bonté » (mais avec une préface de Jean-Richard Bloch). En 1937, Fernand Soriot, directeur des Nouvelles Editions Latines, avait édité « Mirages de Paris » d'Ousmane Socé Diop alors que Larose déjà spécialisé en ethnologie puliait « Doguicimi » de Paul Hazoumé.

A partir de 1949 Seghers édite Senghor[3], Keita Fodeba[4], Martial Sinda[5], Bernard Dadié tandis que Présence Africaine comme nous le verrons bien servira bientôt en quelque sorte de stimulant, de facteur de promotion pour les auteurs africains. En effet, le rôle de Présence Africaine comme maison d'édition est considérable. Dirigée par Alioune Diop avec l'attention passionnée d'un lecteur bénévole Jacques Howlett, professeur de philosophie, elle fut soutenue par des

---

[1] Notes publiées par les Editions du Seuil en 1948

[2] Culture et civilisation noire à travers l'édition française, Présence Africaine – p.707-710

[3] Les chants pour Naett – Seghers – 1949 – 49 p.

[4] Poèmes africains – Seghers – 1950 – 63 p.

[5] Premier chant du départ – Seghers – 1965 – 61 p.

hommes politiques antillais et africains. Les auteurs du continent noir devaient y trouver une audience bienveillante. Cette maison d'édition fit connaître de nombreux auteurs qui n'auraient peut-être pas trouvé à se faire éditer ailleurs. Le tableau ci-après, tiré de « Littérature d'Afrique Noire de langue française » de R. Cornevin montre bien l'importance des Editions Présence Africaine dans l'ensemble de la production des livres en Afrique noire francophone entre 1954 et 1965.

Livres d'auteurs africains publiés en français (1954-1965)[1]

Années	Nombre de livres	Dont édités par Présence africaine
1954	17	2
1955	15	3
1956	18	3
1957	19	2
1958	14	6
1959	22	7
1960	22	7
1961	22	5
1962	26	8
1963	28	8
1964	30	6
1965	22	7
TOTAL	255	64

Commentaire :

De 1954 à 1959, on constate un effort dans la production du livre par les auteurs africains : on passe ainsi de 17 à 22 livres. Par contre, on enregistre une nette régression autour de l'année 1958 où on retombe à 14 livres. Cet amoindrissement de l'effort pourrait

[1] Source : Littératures d'Afrique Noire de langue française, P.U.F. – 1976 – p.25

s'expliquer par la pratique des éditions à compte d'auteur et au sujet de ces éditions. M. Cornevin déclare :

« A propos de ces éditions à compte d'auteur, il y aurait beaucoup à dire sur la façon dont elles étaient pratiquées. En effet, touché par les petites annonces d'un journal, séduit par le prestige d'une édition parisienne, l'auteur africain, surtout celui de la brousse, était totalement sans défense. Il envoyait son manuscrit, une avance d'argent pour payer l'impression et bien souvent la diffusion n'était pas faite. »[1] De 1959 à 1961, le rythme de la production est stable et maintenu à 22 livres.

De 1961 à 1964, on note une reprise considérable de l'effort qui, à notre avis, serait lié au fait qu'en Europe, les auteurs africains sont considérés comme des auteurs ordinaires et de ce fait y trouvent une audience bienveillante. Il faut aussi souligner notamment la création des Editions Présence Africaine qui serviront en quelque sorte de régulateur entre les éditions à compte d'auteur et les grandes maisons d'édition européennes.

En 1965, on retombe à un niveau de production égal à celui de 1959 à 1961. En considération de ce qui précède, nous pouvons avancer que la production des livres en Afrique noire francophone a évolué en dents de scie au cours de la période considérée. Pour conclure cette partie de nos travaux, nous aimerions ici rappeler les difficultés de l'imprimerie en Afrique. L'édition et la diffusion du livre avant les indépendances auront non seulement souffert du manque de structures éditoriales et bibliothéconomiques locales, mais aussi et surtout de l'absence d'une véritable politique culturelle de la part des autorités coloniales susceptibles de promouvoir la diffusion du livre parmi les populations autochtones.

---

[1] CORNEVIN (R) – Littératures d'Afrique Noire de langue française, P.U.F – 1976 – p.26

On comprend dans ces conditions que le commerce du livre français aux colonies fut un secteur marginal du point de vue économique en raison même de la politique culturelle coloniale qui certainement avait réduit les besoins des populations alphabétisées aux manuels scolaires. L'édition était donc inconnue aux colonies. Cette dépendance économique liée au fait que l'essentiel de la production et de la distribution de livre est encore d'origine étrangère et s'accompagne d'une dépendance culturelle et idéologique. Et il n'est donc pas étonnant que certains manuels utilisés dans l'enseignement même de nos jours restent inadaptés au contexte local. Nous pensons essentiellement aux livres d'histoire et de géographie évoquant des phénomènes européens et rédigés à l'intention de toutes les écoles d'Afrique Noire, comme si cette partie du continent n'était qu'un seul pays.

Le décret du 17 juillet 1946 tendant à fixer les conditions du dépôt légal dans les territoires relevant de la France d'Outre-Mer[1] ne permit d'enregistrer que des publications officielles et quelques brochures et journaux imprimés sur place. En effet, l'administration coloniale de l'époque avait pour habitude de centraliser tous les services administratifs soit à Brazzaville (pour les colonies d'Afrique Centrale) soit à Dakar (pour l'Afrique Occidentale). Presque tous les travaux d'imprimerie officiels pour les territoires en question se faisaient dans les deux capitales tandis que les publications générales étaient le plus souvent réalisées à Paris. Ce n'est que bien plus tard où le niveau de scolarisation se fut élevé et où avec la naissance d'une intelligence autochtone de langue française, les besoins en livres, autres que les manuels scolaires deviennent plus importants que le commerce et la diffusion du livre se développeront alors progressivement dans les territoires sous domination

[1] Journal Officiel de la République française – 18 juillet 1946 – p.6451

française, avec l'ouverture de librairies ou de points de vente dans les villes où résidait cette intelligentsia. L'édition, quant à elle, restait aux mains des sociétés métropolitaines, même pour les publications locales.

L'élément le plus caractéristique de l'édition et de la publication des indigènes au cours de la période coloniale et aussi au cours de celle qui a suivi l'indépendance a été la multitude de « journaux officiels ou bulletins mensuels de statistiques, rapports annuels, informations économiques » et autres documents officiels. Le seul autre élément notable de l'édition coloniale consistait dans la recherche scientifique. Ainsi Kotei note : « En France, les rapports étaient surtout financés par un organisme gouvernemental centralisé appelé Office de la recherche scientifique et technique d'Outre-Mer (ORSTOM).

L'ORSTOM apportait à certaines colonies son appui en matière d'infrastructure : par exemple, l'institut de recherche de la République-Unie du Cameroun (IRCAM) et le centre de recherches tchadiennes ont effectué des études locales en géologie, hydrologie et ichtyologie. Un centre de recherche régional pour les sciences humaines, l'Institut français (puis fondamental) d'Afrique Noire (IFAN) fut également fondé à Dakar avec des annexes territoriales. »[1]

---

[1] KOTEI (S.I.A) – Op. Cit. – p.29-30

Partie III :

Le modèle bibliologique sous le régime (colonial) du Congo belge

Le système éducatif comme élément de reproduction du modèle colonial. Cas du Congo belge.

Eddie Tambwe Kitenge

Dans l'approche de la bibliologie politique, l'étude du modèle éducatif, ou de l'institution « enseignement », est capitale : elle permet de saisir les processus de création des besoins de la consommation de l'écrit dans un espace historique et national donné. La communication écrite présente, en effet, une particularité: elle présuppose une aptitude de décodage de l'écriture. C'est toute la problématique de l'apprentissage du code, de la mise en place d'un modèle éducatif en conformité avec l'idéologie dominante.

Ces raisons rendent l'étude du système d'enseignement, de chaque régime politique étudié, une condition *sine qua non* de l'analyse du modèle bibliologique correspondant. Et il ne faut pas être nécessairement « bibliologue » pour admettre cette assertion, qui est bien présente dans divers travaux en sciences sociales. Pour Michel FOUCAULT, tout système d'enseignement est porteur « *des procédures d'assujettissement, d'appropriation du discours, avec ses pouvoirs et ses savoirs* »[1]. L'idée est présente chez Pierre BOURDIEU: « *Une des fonctions de l'enseignement pourrait être d'assurer le consensus sur une définition minimale du légitime et de l'illégitime, des objets qui méritent ou ne méritent pas la discussion, de ce qu'on peut ignorer, de ce qui peut et de ce qui doit être admiré* »[2].

---

[1] FOUCAULT Michel, *L'ordre du discours,* Paris: Gallimard, 1971, pp. 46-47.

[2] BOURDIEU Pierre, "*Le marché des biens symboliques*", texte ronéoté, non publié, p.61.

Nous tentons dans les lignes suivantes de dégager les principes, les fondements politiques ayant sous-tendu le fonctionnement du système éducatif, et, *in fine*, examiner comment ce modèle éducatif a déterminé de *facto* un modèle bibliologique favorable au modèle dominant, en l'occurrence colonial.

1. De la spécificité du régime du Congo belge

Pour comprendre le régime colonial du Congo belge, il faudrait partir des ambitions personnelles du roi belge Léopold II (1835-1909) (fils de Léopold Ier). Peu après son intronisation, Léopold II organise à Bruxelles la « Conférence Internationale de Géographie » (12 septembre au 19 septembre 1876), qui débouche à la création de « l'Association Internationale pour l'Exploration et la Civilisation de l'Afrique centrale » (AIA en sigle). Chaque Etat participant est représenté par un Comité national. L'idée est de délimiter une zone de libre échange au centre de l'Afrique.

En novembre 1877, il est créé un Comité d'Etudes du Haut Congo, avec le Colonel STRAUCH comme président alors qu'il est déjà le secrétaire de l'AIA. Mais le 17 novembre 1879, le roi belge dissout le Comité d'Etudes du Haut Congo et constitue l'Association Internationale du Congo (AIC, en sigle). C'est dans ce contexte de nécessité de clarifier les différentes positions, de préserver les intérêts de chaque Etat européen engagé dans la course coloniale en Afrique, que le chancelier allemand, BISMARCK, convoquera la Conférence de Berlin (du 15 novembre 1884 au 26 février 1885). Le 26 février 1885, l'acte de la Conférence de Berlin créé l'Etat Indépendant du Congo (EIC) sous l'autorité de Léopold II. Face à l'hostilité de l'opinion publique belge à l'égard de l'entreprise coloniale de son roi, le Sénat belge prit ses distances en arrêtant des déclarations des 28 et 30 avril

1885, au terme de l'article 62 de la Constitution belge. Si les dispositions autorisaient le roi belge à être chef de l'Etat fondé en Afrique par l'AIC, ce vote n'engageait que Léopold II dans son « aventure congolaise » ; toutes charges et responsabilités étant déclinées par la Belgique. Le 1er juillet 1885, l'Anglais Sir Francis de Winton, en tant qu'administrateur général de l'Etat Indépendant du Congo, proclamait à Vivi, dans le Bas-Congo, la fondation du nouvel Etat. En 1908, la Belgique est obligée d'annexer l'Etat léopoldien, par une décision de deux chambres du parlement belge. Les raisons de la décision concernent la faillite de l'EIC (surendettement) et les dénonciations des violences commises contre les populations autochtones. Ainsi, la période comprise entre 1908 et 1960 couvre l'existence d'un nouveau pouvoir politique appelé Etat du Congo belge. L'année 1960 consacre donc l'indépendance politique : la naissance de la première république politiquement indépendante des Belges. Ce qui caractérise ce régime colonial dit « belge », c'est son caractère international (la Belgique, l'Angleterre, les Etats-Unis, la France, le Portugal, les Pays-Bas, la Scandinavie, etc.) et le fait que le territoire congolais, du fait de sa position géostratégique[1] et de la variété de ses richesses, était constitué comme un lieu de développement des capitaux internationaux en quête d'investissements juteux...

Depuis le régime colonial, cette évidence a été au cœur de la gouvernementalité du pays[2]. Si toute entreprise coloniale est mue par des motivations économiques, au Congo, cette assertion avait une ampleur singulière.

---

[1] La RDC est le seul pays d'Afrique qui partage la plus longue frontière internationale commune avec le plus grand nombre de pays voisins, soit neuf au total (Angola, Zambie, Centrafrique, Congo-Brazzaville, Ouganda, Sud-Soudan, Tanzanie, Rwanda, Burundi).

[2] Lire notre ouvrage : *Quelle gouvernementalité des frontières pour la RDCongo*, Paris : L'Harmattan, 2013.

D'ailleurs, les élites intellectuelles africaines ont toujours développé un optimisme à l'égard de notre pays, allant jusqu'à subordonner la renaissance économique de toute l'Afrique noire au décollage économique du Congo[1].

2. Le modèle éducatif du Congo Belge

La lecture des travaux - portant sur l'enseignement au Congo belge - permet d'observer deux grandes périodes. Et celles-ci rendent compte des types des politiques d'enseignement appliquées sous le régime du Congo belge. Les deux périodes sont les suivantes:

- de 1890 à 1948: c'est une période marquée par la mise en place *des premiers programmes éducatifs*, mêlant éducation et évangélisation.
- l'intervalle 1948/1960: qui consacre l'institution, dans le pays, d'un nouveau type d'enseignement, plus généraliste, moins missionnaire, moins rural, et dont la création de l'enseignement supérieur et universitaire en serait l'aboutissement naturel.

a- La période 1890-1948: une vision pragmatique

L'histoire de l'enseignement dans le pays remonte à la période de *l'Etat Indépendant du Congo* de Léopold II, qui instaura *l'école européenne*, à partir de 1890. Dans sa philosophie générale, l'école léopoldienne milite pour «*une intégration progressive [des* Noirs*] aux valeurs et aux méthodes occidentales, pour une version conquérante de la christianisation [*et celle-ci est*] sanctionnée, dès 1906, par la Convention établie entre le Saint-Siège et l'Etat Indépendant du Congo qui confie à tout établissement de mission*

[1] Lire spécialement ce texte publié en 1960 : *Les Fondements culturels, techniques et industriels d'un futur Etat fédéral d'Afrique noire.*

catholique la charge de créer une école où les indigènes recevraient l'instruction»[1].

Pour l'Etat léopoldien, l'utilité de former des agents *subalternes efficaces et dévoués* se juxtapose à un double programme: d'une part, répandre l'amour du nom belge, le respect et la sympathie pour l'entreprise de colonisation, et, d'autre part, étendre le *royaume du christ* et procéder à la conversion des païens.

En juin 1890, le Gouverneur général du Congo fixait lui-même la finalité des *colonies scolaires* à créer dans l'Etat: *"En vue d'assurer pour l'avenir le recrutement régulier des soldats de notre Force Publique et celui des artisans pour nos stations, le roi souverain a décidé la création de deux ou trois colonies d'éducation pour les enfants indigènes des deux sexes. Les enfants recueillis seront placés sous tutelle de l'Etat et seront élevés à ses frais jusqu'au jour où leurs forces physiques seront suffisamment développées pour leur permettre d'être incorporés dans la Force Publique ou d'être employés dans les ateliers des diverses stations. Les colonies seront agricoles et industrielles, mais l'une d'elles sera plus spécialement destinée aux jeunes gens qui auront fait preuve d'aptitudes militaires*"[2].

L'Etat du Congo belge, qui naît en octobre 1908, héritera - de l'Etat Indépendant du Congo - cette philosophie éducative, marquée par *la Convention de 1906*, entre le Saint-Siège et l'Etat du Congo belge. Dans le même sens, les missions catholiques constituent, en 1913, un *programme de formation des catéchistes indigènes*. Ces derniers doivent s'occuper de l'implantation de l'action religieuse et coloniale, dans tout le pays. Ces *auxiliaires de l'œuvre*

---

[1] Lire, sur le sujet, MUDIMBE V.Y.,"La culture au Zaïre", In : *Du Congo au Zaïre. 1960-1980. Essai de bilan,* Bruxelles : CRISP. 1980. p.368.

[2] TOUCHARD Georges, *Recueil usuel de la législation de l'Etat Indépendant du Congo belge,* I. Bruxelles : (s.n.). 1963. p.441.

coloniale reçoivent au préalable une éducation à base religieuse dans des *postes centraux*, dans des *chapelles/écoles*.

En 1919, les *postes de brousse*, disséminés à travers le pays, font place aux *écoles rurales*. C'est l'année de l'élaboration, par le Ministère belge des Colonies, d'un projet d'enseignement au Congo belge. L'objectif est de proposer des modalités administratives de contrôle des institutions d'instruction organisées et gérées par les Missions nationales. Celles-ci sont composées tout simplement des diverses congrégations religieuses œuvrant au Congo, principalement les Catholiques.

La proposition, émanant de l'Etat colonial, est rejetée par l'église catholique - par le biais de *l'assemblée des Supérieurs ecclésiastiques* réunie à Kisantu - ville de la province du Bas-Congo - en juillet 1919. L'église réclame *indépendance et liberté d'action*.

L'Etat colonial dut alors reconsidérer sa position, et confirmer de nouveau le rôle primordial de l'église dans la politique d'instruction. Le principe est réaffirmé, en 1922, par Louis FRANCK, ministre belge des Colonies. Il décide de créer, cette année, une commission chargée de *fixer la politique scolaire à la colonie*. Les travaux de ladite commission *(Commission Franck*) aboutissent, en 1924, à la mise au point, par l'Etat et les missions chrétiennes, d'un programme qui ne sera rendu exécutoire qu'à partir de 1926[1]. Un deuxième programme est élaboré, en 1929, sous le titre: *Organisation de l'enseignement libre au Congo belge et au Ruanda-Urundi avec le concours des sociétés de missions nationales*.

En 1938, un autre programme. Il est proche du précédent: "*Organisation de l'enseignement libre avec le concours des missions nationales. (Congo belge)*".

---

[1]GUIBERT D.J.C., "Civilisation occidentale et langage au Congo belge", In: *Zaïre, Revue congolaise*. Louvain, Vol. VI. n°9. 1952. p.920.

La question à poser serait la suivante: que peut-on retenir de ces *programmes éducatifs* ? Quels en sont la philosophie, la physionomie, les objectifs ?

Renaud de BRIEY fait une synthèse de leurs fondements: *"l'enseignement du Noir,* écrit-il, *doit être donné pour le Noir, atteindre la masse, s'adapter au milieu, être moins livresque qu'intensif, professionnel, et surtout à base religieuse, s'étendre aux deux sexes, comprendre l'hygiène et une langue nationale*"[1].

Dans tous ces *programmes,* on peut lire comme *instruction officielle*: "*Il importe que le maître reste bien pénétré de sa mission: la formation de l'enfant à un travail dans le domaine de l'agriculture et des métiers indigènes*"[2].

Il convient alors de s'interroger sur le contenu de cet *enseignement missionnaire.* Une circulaire du 20 juin 1936 fixe un emploi du temps minutieux:

- 8.00 h. - 8.30 h. : religion ;
- 8.30h- 9.30. h. : travaux aux champs scolaires ;
- 9.30h. - 9.45.h : récréation ;
- 9.45 h- 10. 15.h: exercices de lecture et d'écriture ;
- 10.15.h- 10.30h : chant ;
- 10.30 h. - 11.00 h., alternativement : intuition, hygiène, leçon de choses ;
- 14.00 h.- 14.30 h : exercices de calcul ;
- 14.30 h. - 14h.45 : chant ;
- 14.45 h. - 15.15 h., alternativement : dessin, lecture, écriture, gymnastique[3].

---

[1] BRIEY Renaud de, *Le sphinx noir : Essai sur les problèmes de colonisation africaine,* Bruxelles : 1926. p.121-122.

[2] Lire, par exemple, *"Projet d'organisation de l'enseignement libre au Congo belge avec le concours des sociétés de Missions nationales"*, Bruxelles, 1925, p.6.

[3] MUDIMBE V.Y. Op. Cit. p.371.

Les directives officielles de 1938 donnent des intitulés des matières: « *religion, langue maternelle (lecture, écriture et élocution), arithmétique (formation et dénomination des nombres de 1 à 10, les quatre opérations, exercices oraux et graphiques); les leçons d'intuition: le corps humain, les vêtements, les fleurs, les fruits, les plantes, les animaux, les produits locaux; causeries générales et morales; hygiène, dessin, chant (petits chants simples en langue maternelle appris par audition); travail manuel (travaux agricoles au champ scolaire, modelage d'objets simples, vannerie, poterie); gymnastique (marches rythmées, danses régionales éventuellement épurées, là où cela peut se faire sans inconvénients)* »[1].

La structure de cet enseignement est la suivante. Il y a d'abord un *cycle primaire* comprenant deux degrés étendus sur cinq ans. Le premier degré dure deux ans, le second trois ans. Dans ce cycle, l'activité principale est le travail manuel, spécialement agricole. L'objectif poursuivi est d'apprendre aux élèves à lire, à écrire, à calculer en leur dialecte, et d'assurer leur formation dans les domaines de l'agriculture et des *métiers indigènes*.

Après le cycle primaire, vient naturellement le *cycle secondaire*, dit aussi *post/primaire.* Il s'effectue en quatre années. L'enseignement est professionnalisé, on y reçoit les meilleurs élèves des primaires. Il est destiné à fournir des *candidats/commis,* et le personnel subalterne pour l'administration et pour les entreprises privées.

Le cycle secondaire comprend également *l'école normale,* qui s'occupe de la formation des *moniteurs pour indigènes.* Ce cycle forme en plus les élèves devant poursuivre leurs études dans de petits séminaires, dans des noviciats. Les langues locales se juxtaposent aux langues belges - le français et le flamand. Outre les langues locales,

---

[1] Lire "Programme d'Organisation...", de 1938. p.8.

les élèves du secondaire apprennent, en effet, *des éléments des langues belges*. Au total, le pouvoir colonial veille au caractère professionnel de l'enseignement secondaire.

Le pouvoir colonial ne cache pas non plus sa méfiance envers ce type d'enseignement. LOUWERS - représentant du Congo belge au *Colloque de l'Institut Colonial International* de 1931 - confirme officiellement cette forte orientation de l'enseignement congolais: « *Les enseignements secondaires et supérieurs ne doivent pas être développés au Congo: la raison en est simple ; c'est que l'enseignement secondaire et surtout supérieur n'ont pas, comme l'enseignement primaire, pour but principal d'éduquer* »[1].

Si l'on compare le modèle éducatif du Congo belge aux autres modèles coloniaux, français, anglais et portugais, par exemple, on peut attester de l'*efficacité* du modèle belge en matière de scolarisation, entre 1885 et 1948. Il y a d'abord des recherches de la *Communauté Economique Européenne* sur la scolarisation en Afrique.

Le rapport indique que, de tous les pays de l'Afrique noire, le Congo belge détient, en 1946, le meilleur taux de scolarisation: 56,1%. Ce taux est meilleur que celui des colonies françaises: 4,4% pour l'Afrique Occidentale Française[2] (AOF, en sigle) et 4% pour l'Afrique Equatoriale Française[3] (AEF, en sigle).

Une source différente - émanant de l'UNESCO - sur *«l'alphabétisation aux environs de 1950»* confirme l'avance du Congo belge dans le domaine. L'UNESCO établit, en effet, que le taux d'analphabétisme au Congo belge est le

---

[1] Rapport du Colloque de l'Institut Colonial International". Bruxelles, 1931.

[2] AOF (de 1895-1958) regroupe ces colonies françaises : Sénégal, Mauritanie, Soudan, Haute-Volta, Guinée française, Niger, Côte-d'Ivoire et Dahomey.

[3] AEF (1910-1958) : Gabon, Congo/Brazzaville, Oubangui/Chari et Tchad.

plus bas des pays colonisés comparables[1]: 60-65%. Ce dernier taux du Congo belge est évidemment meilleur que celui des colonies françaises: 95-99% pour l'AOF et l'AEF. Alors que ce taux, en Algérie, est de 80-85%, et, au Maroc, il oscille entre 85-90%.

Même les colonies anglo-saxonnes aussi significatives que le Nigeria (le taux d'analphabétisme y est de 85-90%), le Kenya (75-80%), le Liberia (90-95%), la Rhodésie du Nord (75-80%), la Rhodésie du Sud (75-80%), le Ghana (75-80%), ces colonies donc ne présentent pas non plus une meilleure situation, par rapport au Congo belge. En tout cas, du début de la colonisation jusqu'au milieu du siècle (1948/1950).

b- La période 1948-1960: des tentatives d'universalisation

L'intervalle 1890-1948 correspond donc à un modèle d'éducation fortement pyramidal. Il y a, d'abord, et c'est au bas de l'échelle, *une masse d'analphabètes*, puis viennent les nombreux *Congolais sachant lire, compter, et écrire en langues locales, en leurs dialectes*, et, enfin, une troisième strate, extrêmement réduite, constituée de Congolais dits *Evolués*. Ces derniers sont, au total, des autochtones œuvrant comme *cadres d'exécution*, comme *collaborateurs* du pouvoir colonial. Ce sont *les dactylographes des grandes administrations coloniales, les moniteurs, les commis de bureau,* bref les *Clercs, l'élite autochtone,* dont les activités mettent en contact avec le Blanc, avec le pouvoir.

---

[1] Nous omettons l'*Union Sud Africaine*, où la «*politique de développement séparé (apartheid)*» provoque nécessairement une réalité coloniale singulière.

En 1948, un nouveau programme d'enseignement est adopté[1] dans le pays. Dans ses termes, le texte poursuit les objectifs suivants:

1°*assurer aux élèves une bonne formation générale ;*
2°*donner à la majorité des élèves une formation telle qu'elle leur permette d'occuper des emplois intellectuels intéressants à l'issue de leurs six années d'études moyennes;*
3°*préparer un choix d'élèves aptes à s'assimiler avec fruit, après leurs études moyennes, un enseignement supérieur de développement modeste tel que la situation actuelle permet déjà de le concevoir;*
4°*préparer un choix d'élèves à l'enseignement universitaire qui devra se créer au Congo dès que les circonstances le permettront.*

En pratique, ces souhaits vont se traduire par ces trois principales innovations: *définition de la politique des langues dans l'éducation; généralisation de l'enseignement post/primaire ou secondaire; et introduction de l'enseignement supérieur et universitaire.* Donc, définition de la politique linguistique dans le système éducatif. Pour comprendre la portée, d'une telle mesure, il faut reconvoquer tout le contexte de la question linguistique au Congo belge.

C'est que le caractère *utilitaire* du système éducatif a été à la base des difficultés, pour le pouvoir, à mener une politique cohérente des langues. Rappelons, d'un mot, que dans les colonies françaises, par exemple, à la suite de la politique dite *assimilationniste,* l'enseignement destiné aux populations autochtones se fait, dès la première année du primaire, en français, langue de la nation au pouvoir.

---

[1] *« Organisation de l'Enseignement libre subsidié pour Indigènes avec le Concours des Sociétés des Missions chrétiennes, Dispositions générales ».* Léopoldville, Service de l'Enseignement, 1948.

Dans les colonies portugaises, le même principe est observé à tous les niveaux de l'éducation. Par contre, les Britanniques, par leur philosophie coloniale, le *Indirect rule*, appliquaient une politique d'enseignement reposant sur des langues autochtones dans les écoles primaires. L'anglais est réservé aux cas qui en nécessitaient l'usage: les cas des écoles moyennes, professionnelles, et supérieures.

Le régime du Congo belge hésite entre les deux conceptions coloniales. Van CAENEGHEM[1] montre bien que dès le début de la colonisation le pouvoir est confronté à cette contradiction. Deux conceptions politiques de la gestion des langues se mêleront ainsi sans cesse. La première veut que *seules les langues locales soient les véhicules de l'enseignement.* L'argument avancé par les tenants de cette vision est le suivant: *« le développement culturel d'une race humaine selon son propre génie ne peut se faire que dans la langue de la communauté »,* et donc *« négliger le développement de la langue d'une communauté, c'est stériliser une partie importante de sa vie sociale et provoquer un effet dépriment sur sa culture générale dans sa manifestation extérieure»*[2].

Dans ce cas, les langues européennes devaient être réduites à un rôle auxiliaire de *langues internationales réservées à l'élite.* MUKALA KADIMA NZUJI avance deux raisons pour expliquer cette première conception - qu'il qualifie, lui, de *bantouïste.* « F*ace à la difficulté,* écrit l'universitaire congolais, *éprouvée dans les milieux belges et parlementaires pour reconnaître l'égalité en colonie des langues nationales belges (le français et le flamand), ils se refusaient à favoriser une langue nationale belge au détriment de l'autre. De plus, les Belges craignaient, soit une*

---

[1] CAENEGHEM R. Van, "Les langues indigènes dans l'enseignement", In: *Zaïre, revue congolaise* 7, juillet 1959, Louvain, Vol. IV. n p.709.

[2] Ibidem, p. 709.

émancipation trop rapide de la masse, soit alors l'apparition d'un esprit nationaliste qui se développerait au détriment de la présence coloniale. Ils craignaient qu'à long terme les langues européennes ne servent de clef aux Congolais pour accéder au soubassement de la vie politique internationale»[1].

A côté de la conception visant le maintien des langues autochtones dans la diffusion des connaissances, une seconde tendance, antinomique, cherchait à imposer une langue européenne à tous les niveaux de l'éducation et de la vie sociale. Plusieurs raisons expliquent la tendance: d'abord, une motivation d'ordre pratique; le mouvement d'industrialisation allait nécessairement poser la question d'une main-d'œuvre qualifiée dans les rangs des autochtones, et donc une formation élevée correspondant à cette exigence.

Ce type de formation ne pouvait - pensait-on - se faire qu'en langue européenne. Une autre explication, politique, à cette conception, est reprise dans les écrits de BAUHMANN et WESTERMANN: *« le but de l'éducation est l'ouverture des portes d'accès à la civilisation européenne et américaine, l'objectif final étant d'assimiler complètement l'Africain à l'Européen et de faire disparaître ainsi tout ce qui est propre à son peuple ou du moins en n'accordant à ces valeurs caractéristiques que le droit de déteindre légèrement sur le fond de l'Africain européanisé»*[2].

A toutes ces explications, il faut, de toute évidence, ajouter un motif lié à la situation linguistique du Congo belge: le pays comptait, en effet, une multitude de dialectes - se référer au chapitre sur la *situation précoloniale*. La difficulté, à elle seule, pouvait inspirer l'institution d'une

---

[1] MUKALA KADIMA NZUJI, *La littérature zaïroise de langue française*, Paris: Karthala, 1984. p. 78.

[2] BAUHMANN H. et WESTERMANN D. Op. Cit. p.487.

seule et même langue dans le territoire, afin de faciliter la communication entre les nombreuses ethnies. Tous ces éléments - *de politique interne de la métropole, de la situation linguistique au Congo, de choix politique* sur place au Congo belge - expliquent sans doute la politique aux contours imprécis ou tout simplement non (mal) définis, qui règne dans le pays. La faiblesse dans la définition d'une politique des langues donna lieu à un *système facultatif* - la solution au problème linguistique est dite *propre aux missions.* Le Congo belge ressembla alors à un territoire où coexistaient langues européennes et locales, au gré des missions, au gré des écoles en présence.

Aussi, la réforme de l'enseignement intervenue en 1948 visait-elle à mettre fin à l'incohérence linguistique régnant dans le pays. La lecture du document qui en rend compte[1] permet de dégager les aspects suivants. Les langues autochtones sont confirmées comme véhicules de l'enseignement dans les écoles primaires, aux premier et deuxième degrés. De la multitude de langues locales, le législateur retint cependant les quatre langues nationales dominantes (*swahili, linguala, kikongo, tshiluba*), couvrant l'ensemble du territoire national. Les quatre langues vernaculaires[2] serviraient au pouvoir colonial d'outil de communication avec les masses (celles-ci, en principe, ne pratiquent pas les langues belges).

La deuxième innovation qu'introduit le programme de 1948 concerne la généralisation de l'enseignement post-primaire ou secondaire. Le nouveau programme transforme l'organisation de l'enseignement post-primaire. Son cycle comprend deux orientations. D'une part, *l'enseignement péri/primaire*: il est complémentaire au second degré du primaire, et conduit à une formation

---

[1] Cfr. *"Organisation de l'Enseignement..."* 1948, Op. Cit. p. 37.

[2] Par langue vernaculaire, l'autorité politique entendait «*la langue bantou de large extension utilisée dans les relations inter-tribales, non le dialecte local*».

professionnalisée. Celle-ci se fait en deux ans, et débouche sur des *métiers indigènes,* dans l'administration, l'industrie ou le commerce. Puis, une seconde orientation vers cinq formules classiques :

1. l'*école moyenne*: en quatre ans, elle forme des employés de bureau;
2. l'*école des moniteurs*: en quatre ans, elle produit des moniteurs du premier degré d'enseignement primaire ;
3. l'*école secondaire moderne*: en six ans, elle forme, en diverses options, aux diplômes finaux en *division commerciale et administrative*, en *division normale pour les futurs maîtres du second degré du primaire*, en *division sciences pour les candidats techniciens;*
4. l'*école professionnelle* (formant des artisans en quatre ans, et des techniciens subalternes en six ans);
5. l'*école secondaire latine*: *pour les éléments les plus brillants.*

Le développement de l'éducation, au niveau secondaire, sera confirmé par ce qu'on appela la *Révolution de 1954.* Celle-ci est *provoquée* depuis Bruxelles par un *ministre libéral de gauche,* du nom de Albert BUISSERET, en charge du ministère des Colonies. Ce dernier se fit remarquer, dès la fin de la *Seconde guerre mondiale,* quand il lança à la classe politique belge cette phrase clé dans l'histoire du mouvement colonial belge: «*La nouvelle situation exige que la formation d'employés et des techniciens instruits se fasse dans d'autres livres que dans la vie des saints*»[1].

L'idée, apparemment banale, est capitale du fait qu'elle est révélatrice de la coupure historique produite par la *nouvelle situation* (qui est en fait la *Deuxième Guerre mondiale*). Donc, la *Révolution de 1954.* Elle consiste en

---

[1] Citation extraite du livre de BUANA KABUE, *L'expérience zaïroise,* Paris: ABC, 1975. p. 52.

l'introduction de l'école *laïque. Une idée satanique*, jugera l'église catholique en guise de réaction. Le concept d'école laïque dans le cadre du Congo belge consiste à favoriser la création des lycées, des collèges, qui auraient les mêmes programmes que ceux de la métropole. En fait, pour la première fois, un *projet éducatif* remet clairement en cause le monopole - de fait et de droit - détenu par l'église catholique.

Le troisième - et dernier - élément introduit dans le système éducatif est l'institution, au Congo belge même, de l'enseignement supérieur et universitaire. Le projet a été élaboré, dès 1945, par Guy MALENGREAU, enseignant de l'*Université Catholique de Louvain* (Belgique). Ce professeur envisagea d'abord l'ouverture dans la province du Bas-Congo (dans la ville de Kisantu) d'une *Ecole supérieure des sciences administratives et commerciales*.

Il faudra un arrêt royal du 21 février 1949 pour reconnaître le projet. La politique menée précédemment par les missionnaires n'avait cependant permis la formation d'assez de Congolais pour justifier la création d'une telle institution. Néanmoins, pour, semble-t-il, satisfaire les vœux des Européens résidant au Congo - qui désiraient que leurs enfants poursuivent leurs études sur place - le gouvernement décida, en 1950, la création de la première université congolaise, catholique, appelée Lovanium, en référence à l'université catholique de Louvain, en Belgique.

Début 1954, le premier cours de la section pré/universitaire est ouvert. Parmi les étudiants, trente autochtones, que l'on formait pour commencer des études universitaires proprement dites. Le 12 octobre 1954, la première année était ouverte, à Lovanium ; deux ans plus tard, à la rentrée de la troisième année, 119 Noirs et 50 Européens constituaient la communauté étudiante.

Toujours, en 1956, au Katanga, province minière où l'on compte la plus forte concentration de la population blanche du pays, une deuxième université, cette fois sur l'initiative de l'Etat, est ouverte. Elle a pour nom: *Université Officielle du Congo*. Et comme son nom le suggère, la nouvelle institution se veut *philosophiquement laïque* - malgré le *patronage* des cercles Francs Maçons belges. De toutes façons, l'*Université Officielle du Congo* s'inspire du *Cercle du Libre Examen de l'Université Libre de Belgique.* Et si Lovanium, à Léopoldville (la capitale du pays), prolonge manifestement la vision catholique au niveau universitaire, l'*Université Officielle du Congo* veut *promouvoir la liberté de l'intelligence.*

L'équivalence des diplômes conférés par les universités congolaises sera reconnue par une loi belge du 14 juillet 1959. Il faut maintenant apprécier ce second moment (1948-1960) du système éducatif du Congo belge sous l'éclairage des chiffres. D'une part sur la situation même du pays, et, de l'autre, il faudrait, comme précédemment, confronter la situation à celle des autres pays colonisés d'Afrique.

Pour ce faire, il faut s'arrêter sur l'année 1959, année précédant la fin régime colonial. Le taux de scolarisation du Congo belge s'élevait à 56,1 %, en 1946, et *aux environs de 1950.* On notera ainsi une nette progression dans l'effort d'alphabétisation: en une décennie, on est passé de 897.969 (1946) d'effectifs scolaires à 1.534.336 (1959). Une progression arithmétique de 21,4%, exprimant le passage de 56,1 % à 77,5%.

Une lecture comparative permet ces constats: si le Congo belge présente le taux de 77,5%, dans les autres colonies, il est de 20,3% (AOF) et de 37% (AEF). Seuls deux pays, tirés de l'ensemble AOF, ont des taux supérieurs: le Congo Brazzaville avec ses 91,2% et le Gabon, 81,8%. Ces données statistiques, d'essence quantitative, doivent conduire à l'examen de ce qu'il convient d'appeler *la pyramide scolaire du Congo belge*. Ce dernier angle de l'analyse aurait le mérite de faire entrevoir les motivations générales du système politique: le propos permettra, en tout cas, d'expliquer, par la suite, l'implication bibliologique que la pyramide scolaire allait, obligatoirement, entraîner.

La pyramide scolaire et les chiffres comparatifs susmentionnés autorisent, en fin de compte, deux principaux constats:

- Le Congo belge présente une forte concentration de ses effectifs scolaires au niveau du primaire, dans les mêmes proportions que les colonies françaises. Si, en effet, 96,23% des effectifs scolaires du Congo belge sont au niveau de l'enseignement primaire, en AEF et en AOF, ces taux sont respectivement de 95,99 et 96,20. L'analogie est d'autant plus surprenante que le taux global de scolarisation du Congo belge (77,5) est, de loin, supérieur à celui de deux confédérations françaises (20,3 % pour l'AOF et 37 % pour l'AEF).
- La concentration des effectifs scolaires au Congo belge, dans l'enseignement primaire, est plus forte au Nigeria (95,56%) et au Ghana (74,29%), alors que ces deux colonies anglaises ont des taux (de scolarisation) globaux respectifs des plus faibles: 9,15% pour le premier et 9,5% pour le second.

3. Incidence du système éducatif sur le modèle bibliologique

Les résultats présentés ci-dessus introduisent une conclusion à propos du modèle éducatif du Congo belge. Globalement, tout le développement démontre que le pays connaît un fort taux de scolarisation, du moins en rapport avec la situation des autres pays colonisés de l'Afrique noire. Ce modèle est, comme montré ci-dessus, fortement concentré au niveau de l'enseignement primaire. Nous allons rejoindre l'historien Joseph KI-ZERBO pour dire que « *au Congo belge, plus de 50% des enfants scolarisables étaient effectivement dans les écoles primaires où l'enseignement est dispensé en langues locales, mais, si ce pourcentage est l'un des plus forts de toute l'Afrique, cet enseignement est de masse »*[1].

L'efficacité, en terme de présence, de l'enseignement missionnaire peut s'apprécier également à l'aune des indications chiffrées sur l'évangélisation: « *Pour les missions catholiques, en 1910, on comptait 500.000 baptisés et catéchumènes; ce nombre passait à 360.000 en 1921, à 1.000.000 en 1933, à 2. 000.000 en 1945, à 4.220.439. en 1958. Pour les Protestants: l'implantation s'amplifie en 1920, avec la fondation de la B.M.M. (Baptist Mid Mission) par William CLARENCE HAAS, qui ouvrit au Congo de nombreuses stations. Au total, 42 sociétés missionnaires étaient à l'œuvre, pour entretenir des missionnaires disséminés dans 17.564 localités. Ces mêmes sources donnent 233. 000 protestants congolais en 1935, 757.000 en 1955, et 812. 608 en 1958 »*[2].

On voit bien qu'il eût une première époque (1885-1948) dans les politiques éducatives. Elle fut marquée par la prépondérance, sinon le monopole, de l'église chrétienne dans l'organisation générale de l'enseignement. Une seconde époque (1948-1960) symbolise des mouvements de restructuration (généralisation de l'enseignement secondaire et du français; introduction de l'université, etc.), qui s'accompagna du recul du rôle des missions. Malgré tout, le rôle des missions chrétiennes s'imposa comme phénomène politique dominant. Il convenait donc, en tirant cette petite note de conclusion, de s'y arrêter, le temps d'une explication politique globale. Pour comprendre le rôle de l'église chrétienne, il faut revenir une fois de plus au

---

[1] KI-ZERBO Joseph. Op. Cit. p. 528.

[2] CORNEVIN Robert, *Histoire du Zaïre. Des origines a nos jours*, Bruxelles : HAYEZ, 1989. pp.336-337.

concept de *situation coloniale* (Georges BALANDIER) qui opère sociologiquement et politiquement une relation de dominant/dominé dans l'espace colonial. Il faut constater d'abord que l'église chrétienne - qui veut *sauver les âmes noires des ténèbres*, les ténèbres étant l'ignorance de l'Evangile - se range pourtant du côté du groupe dominant, du côté du pouvoir politique. Mais l'allégeance de l'église au pouvoir politique n'est pas un phénomène propre au Congo belge: la collaboration est historique.

Dans le contexte du Congo belge, elle tient cependant de l'intérêt de chacune de ces deux institutions, dans *l'œuvre d'exploitation* - qui n'allait pas sans résistances locales. Autant l'église chrétienne avait besoin du bras séculier pour les moyens matériels de protection, autant le politique devait, rapidement, imposer symboliquement certaines valeurs conformes à sa tâche d'exploitation. Il faudrait alors avancer avec Fabien BOULAGA EBOUSSI[1] que le christianisme qui aborde le Congo belge - et, sans doute, toute l'Afrique noire - est celui d'une société bourgeoise - au sens marxiste de la formule.

Le pouvoir politique colonial et l'évangélisation ne s'opposent pas, dans le fond. Loin s'en faut: les deux institutions poursuivent des objectifs de nature identique. Elles semblent s'accorder parfaitement sur la tâche d'exploitation *économique* (langage du politique) et d'*humanisation* (langage de l'église chrétienne). Or, le mode de vie du Noir - qui est moins industrialisé - est considéré comme *arriéré* (par le politique) et *paganiste* (par l'église). Les deux derniers concepts soulignés (arriéré et paganiste) renvoient, du point de vue de la justification officielle (il faut se référer une fois de plus à la notion de *situation coloniale*), respectivement au *sous-développement* et à la *méconnaissance de Dieu,* (source de la barbarie).

---

[1] BOULAGA EBOUSSI Fabien, *Christianisme sans fétiche: révélation et domination,* Paris: Présence africaine, 1981. p. 23.

La suite se tiendrait aisément: «*L'oblitération ou l'absence de la compréhension correcte de Dieu entraîne la dégradation de l'homme ou bien en est la conséquence néfaste. Le paganisme est un état de rébellion contre Dieu, donc de déchéance au-dessus du seuil de l'humanité. Aussi, christianiser, c'est humaniser, apporter la lumière dans les ténèbres des modes de vie des Noirs, dont les religions ne seront vues que comme idolâtries, fétichisme, animisme, c'est-à-dire des formes primitives de croyances*»[1].

L'explication de ce philosophe permet également de comprendre l'apparente confusion, volontairement entretenue entre les deux pouvoirs - spécialement dans le contexte du Congo belge. C'est le moment de donner quelque sens à l'important dispositif missionnaire au Congo belge. Les gouvernants apparaissent, en effet, sous le double visage du Colon et du Missionnaire.

La distinction entre le religieux et le profane, la foi et le politique, que les deux figures sont censées symboliser, apparaîtra comme une contradiction vécue ou comme une séparation purement verbale. Le converti percevra d'emblée l'unité d'une civilisation et d'un mode de vie et se gardera d'opposer colon et missionnaire. Il pourra les distinguer selon les catégories dualistes de l'âme et du corps. L'un s'occuperait des affaires du corps, l'autre de celles de l'âme. Dans la vie, il verra pourtant ces rôles cumulés et s'intervertir, et, en tout cas, concourir au même but, s'exercer sur le même sujet.

Pour le néophyte, l'Occident est ce qu'il est du fait de sa religion: celle-ci ferait système avec sa technologie et sa vie sociale. L'ensemble formant un tout solidaire, cohérent. La catéchisation allait ensemble avec la tâche de scolarisation, et souvent aussi avec les travaux de construction des écoles et des hôpitaux. Veut-on par ces moyens arracher l'homme

---

[1] BOULAGA EBOUSSI Fabien, Op. Cit. p. 26.

noir du *pouvoir des ténèbres* que sont, obligatoirement, ses modes de vie ?

Ce nous semble, là, le sens politique du système de l'enseignement en faveur du Noir: un conditionnement mental susceptible de faire de lui un élément adjuvant dans le projet d'exploitation économique de l'Etat colonial. Ainsi, le fameux rapport entre la densité unique (des missionnaires) en Afrique noire (déjà souligné) et le caractère strictement économique s'en trouve dès lors éclairé. En fait, le nombre (considéré excessif) des missionnaires ne serait que proportionnel au degré, à la volonté de rentabilisation, à la mission première et unique d'un Etat que nous avons nous-mêmes jugé quelque peu contingent ?

Conclusion : le sens politique d'un modèle

Le développement précédent le montre clairement : le modèle éducatif du Congo belge promeut un minimalisme ayant pour effet immédiat le rétrécissement de l'univers intellectuel et culturel des populations autochtones. La politique conduit à un contexte communicationnel pragmatique, rudimentaire. L'action du pouvoir politique tendrait à maintenir l'*indigène* dans un isolement intellectuel propice au projet global d'exploitation économique. Cette vision – politique, puis éducative – produit sur l'ensemble du système de l'écrit les pressions suivantes :

- dans le domaine de l'édition du livre ; une politique de bannissement systématique des livres à caractère général, puisque le modèle combat expressément l'idée de *culture générale*, en faveur des *Nègres*, puisque le modèle privilégie un savoir élémentaire, en conformité avec les besoins immédiats de l'industrie naissante.

- dans le domaine de la presse périodique ; une promotion des journaux à fort ancrage local. L'idée étant, une fois de plus, d'éviter que ce média serve de complément dans l'acquisition d'un savoir plus général, des informations moins locales. Dans cette perspective, les journaux en langues indigènes seraient plus idoines.

- Dans le domaine de la lecture publique; l'attention du pouvoir serait encore vive, puisque les bibliothèques constitueraient, pour les *indigènes*, une possibilité d'ouverture à un univers plus général, ce qui serait en contradiction totale avec la politique coloniale. C'est donc sous l'éclairage global de ces hypothèses qu'il convenait d'examiner, dans sa réalité sociologique, le modèle bibliologique mis en place par le régime colonial.

Ecrit et stratégie de la communication politique pour l'idéologie coloniale en Afrique.

Bob Bobutaka Bateko

La bibliologie est de plus en plus exploitée dans une approche holistique en intégrant avec bonheur la bibliologie africaine. Voilà une approche de connaissance des phénomènes de l'écrit et de la communication écrite relatifs à l'Afrique. La bibliologie se fonde aussi sur la connaissance de l'écrit au travers de ses deux paradigmes fondamentaux : l'écriture et la lecture. La bibliologie africaine est l'émanation de la bibliologie coloniale.

La colonisation, pour peu qu'on puisse en juger, se révèle comme un moyen et une stratégie pour la domination sur la base de la conquête des terres étrangères en vue d'en tirer profit. Par ses objectifs : l'exploitation des matières premières, de la main-d'œuvre, de l'espace vital, par l'implantation des colonies dites de peuplement, etc.

Il importe de rappeler que la planète a connu plusieurs formes de colonisation : la colonisation grecque, la colonisation phénicienne, la colonisation romaine, la colonisation chinoise, la colonisation indienne, la colonisation japonaise, la colonisation européenne, la colonisation en Afrique, etc.

L'histoire de la colonisation nous renseigne que deux moments-clés consacrent la colonisation en Europe : le Congrès de Vienne (1815) et la colonisation en Afrique avec la Conférence de Berlin (1885). La fin de la colonisation européenne a été marquée par le Congrès de Vienne de 1815. Ce forum a ainsi permis de stabiliser la situation européenne : grâce à cet accord, l'Europe du XIXe siècle ne connut plus de conflits de dimension continentale. Toutefois, il faudrait retenir que la Grande-Bretagne a conservé un grand empire colonial ; l'Espagne, quant à elle, a vu son espace colonial émancipé, alors que la France a subi une perte des colonies. Le Congrès de Vienne, en prônant le libéralisme économique, a mis fin à la colonisation européenne en Europe même.

Quant à la colonisation en Afrique, c'est l'Acte de Berlin qui a créé l'entente entre les pays européens dans leur désir commun et ardent de partager l'Afrique. Et pour mieux dominer les Africains, surtout la partie subsaharienne de ce continent qualifié de région de l'oralité, les Européens ont su imposer l'écriture.

1. Ecriture : l'arme de la colonisation

L'écriture est souvent considérée par les historiens comme un instrument pour relater ou construire notamment la genèse et l'évolution de la colonisation ; mais pour les bibliologues, « *la place de l'écriture et de la lecture dans la colonisation* » est une matière importante pour comprendre le rapport entre les colons et les colonisés.

L'heuristique de la bibliologie historique africaine nous fait savoir également que l'écriture a favorisé à tout point de vue la consolidation de la colonisation en Afrique. Cet état des choses peut être démontré grâce à la stratégie de l'archiviste et bibliographe Banning qui était au service du roi des Belges Léopold II. En effet, le souverain belge a demandé, sur inspiration de Banning, à Henry Morton Stanley, lors de son second voyage au Congo, de faire signer les contrats de cession des terres aux chefs autochtones congolais.

Stanley utilisait une stratégie de contrainte en négociant avec les chefs locaux. Il achetait leur souveraineté en échange des biens de peu de valeur, soit en exploitant la rivalité entre les tribus ; et si nécessaire, par l'assassinat d'un chef récalcitrant et la négociation avec son successeur craintif. Pour mettre en exergue la tricherie en écriture pratiquée par Henry Morton Stanley, nous avons écrit que « (...) il signa des contrats de cession des terres avec les chefs de tribus en langues étrangères au moyen desquelles les deux parties communiquaient sans communiquer vraiment d'autant plus que les chefs de tribus ne savaient pas exactement ce qu'ils faisaient. Il y avait des dispositions contractuelles qui stipulaient que « *non seulement le sol, mais aussi la force de travail des habitants devenaient possession de Léopold II.* »[1]

Les Européens ont fait signer les accords léonins aux Africains analphabètes. L'écrit a ainsi été utilisé pour permettre au roi Léopold II d'avoir le droit de propriété du Congo alors *Association internationale africaine*[2].

À cette époque, le Français Pierre Savorgnan de Brazza explorait la rive occidentale du fleuve Congo et fit hisser le drapeau français sur la station nouvellement baptisée « *Brazzaville* » en 1881. Le Portugal, qui avait également des revendications dans la région issue de ses anciens traités avec l'Empire Kongo, conclut un traité avec le Royaume-Uni le 26 février 1884 pour bloquer l'accès de l'Océan Atlantique à l'Association Internationale

---

[1] Bob Bobutaka Bateko, *RD Congo-Belgique: Archives, Bibliothèque et Bibliologie*, Saarbrücken, Editions Universitaires Européennes, 2013, p.47.

[2] L'organisation fut créée en 1876 lors de la Conférence géographique de Bruxelles, à laquelle Léopold II avait invité une quarantaine d'experts, généralement pour leurs connaissances géographiques ou leurs engagements philanthropiques. Ils provenaient de nombreux pays européens. À l'origine, l'Association était donc le fait de plusieurs personnes, avec des intérêts économiques et humanitaires, mais elle devint rapidement dominée par Léopold II et des préoccupations de profits en Afrique. Les objectifs originels de l'Association étaient la découverte des terres inconnues du bassin du Congo et la mission de civiliser leurs habitants ainsi que de supprimer la traite des Noirs (esclavage).

Africaine. En outre, plusieurs pays européens tentaient de prendre pied en Afrique. La France occupait la Tunisie et le territoire de l'actuelle République du Congo en 1881, et la Guinée à partir de 1884. En 1882, la Grande-Bretagne occupait l'Égypte ottomane, et pénétrait au Soudan et en Somalie. En 1870 et 1882, l'Italie avait pris possession de l'Érythrée pendant que l'Allemagne s'établissait au Togo, au Cameroun et au Sud-Ouest africain en 1884.

2. La communication politique

Pour la compréhension du champ communicologique, *la communication politique* nécessite la maîtrise de deux concepts : *la communication* et *la politique*. En effet, étant donné la pérennité des relations conflictuelles au sein de la société, il se crée dans celle-ci un besoin naturel d'assurer l'ordre et le règne des fins. Le politique est relatif au gouvernement de l'Etat, ou à une manière de gouverner, à une théorie de l'organisation de l'Etat ou encore ce qui est en rapport avec les affaires publiques de l'Etat. Cependant, la politique c'est notamment la fonction sociale de mise en forme du politique, elle consiste dans la mise en œuvre des décisions nécessaires au façonnage politique.

Au départ, la communication politique désignait « *l'étude de la communication du gouvernement vers l'électorat, puis l'échange des discours politiques entre les détenteurs du pouvoir et l'opposition* ». Par la suite, elle s'est élargie à l'étude du rôle des médias dans la formation de l'opinion publique, puis à l'influence des sondages sur la gestion de la cité. De nos jours, la communication politique englobe l'étude du rôle de la communication dans la vie politique au sens large en intégrant aussi bien les médias que les sondages, le marketing politique et la publicité avec un intérêt particulier pour les périodes électorales. La communication politique est aujourd'hui une réalité incontournable dans le secteur aussi bien privé que public. Dominique Wolton préfère une définition plus restrictive de la communication politique en ce sens qu'elle est « l'espace où s'échangent les discours contradictoires des trois acteurs qui ont la légitimité de s'exprimer publiquement sur la politique et qui sont les hommes politiques, les journalistes et l'opinion publique à travers des sondages.»[1]

Pour nous, la communication politique doit avoir un contenu holistique et systémique mettant en exergue toutes les interactions de la gestion de la cité. Celle-ci doit être un processus d'échange d'informations, de messages entre les acteurs politiques qui, par le biais des structures de transmission informelles ou spécialisées et différenciées, tentent de s'influencer réciproquement en vue de susciter l'adhésion à un certain type d'organisation de la Cité dont ils se réclament. Dans cet ordre d'idées, la « communication politique s'intéresse aussi à la bibliographie politique et à la bibliologie politique.»[2] La bibliographie et la bibliologie sont les disciplines d'observation, de description et d'explication des phénomènes relatifs à l'écrit et à la communication écrite. L'entreprise coloniale avait aussi, comme outil stratégique : la communication politique.

---

[1]Dominique Wolton, *Communication politique*, http://www.wolton.cnrs.fr/spip.php?article61, consulté le 30 juin 2012 à 12h45.

[2] Bob Bobutaka Bateko, *Bibliographie politique, bibliologie politique et communication politique* in Revue de Bibliologie, Schéma et Schématisation : Le cycle inter-séculaire du libéralisme et du communisme. Vers la lutte finale ?, n* 79, Paris, L'Harmattan, 2013, pp.55-70.

3. **La lecture : la censure pour le contrôle de l'intelligentsia de la colonie**

La France et l'Angleterre se sont préoccupées très tôt de l'instruction des populations autochtones de leurs colonies respectives. Par contre, la Belgique n'en a fait un souci que tard. Car, comme l'expliquent si bien Fernand Bezy, Jean-Philippe Peemans et Jean-Marie Wautelet, « la vigueur de la politique d'indigénisation ne peut s'expliquer seulement par la nécessité de rendre compatibles les objectifs des deux principaux partenaires du sous-système dominant. Elle a un caractère idéologique systématique qui contraste fortement avec les conceptions françaises et anglaises qui sont plus pragmatiques et ne mirent jamais tant d'acharnement à produire le concept d'indigène.»[1]

Cette citation établit la différence d'approches coloniales européennes en Afrique du point de vue de la domination des indigènes. Ce qui était aussi lié à la sacralisation de l'écrit comme un outil précieux de la colonisation.

La censure était aussi de mise pendant la colonisation. En fait, la Belgique a instauré la censure au Congo dès le 17 mai 1940 par son ordonnance 75/P.T (modifiée par l'ordonnance 102/P.T. du 6 mars 1941). Les arrêtés d'exécution devaient être pris par les gouverneurs de provinces. La lecture qui constitue une technique de la pénétration et de l'appropriation de la pensée de l'auteur par le lecteur a été un instrument pour l'aliénation de la pensée indigène au profit de l'intelligence des Blancs. Cet aspect idéologique ne s'explique sans doute pas sans référence à la spécificité de la situation de la métropole qui s'est traduite dans la nature particulière du

---

[1] Fernand Bezy, Jean-Philippe Peemans, Jean-Marie Wautelet, *Accumulation et sous-développement au Zaïre : 1960 – 1980*. Louvain La Neuve : Presses Universitaires de Louvain (UCL), 1981, p. 34.

paternalisme colonial belge et dans son caractère envahissant et quasi totalitaire (...). La politique indigène, par ses aspects les plus ambitieux, poursuivent-ils, a voulu imposer une identité fabriquée de toute pièce au monde africain. Le système colonial belge a donc créé une aliénation culturelle qui paraît beaucoup plus grande que dans les systèmes français et anglais. Le modèle indigène est un modèle étranger qui oblige à la rupture avec la culture traditionnelle et interdit l'assimilation à la culture dominante. »[1]

4. La bibliothèque au Congo pendant la colonisation.

A l'époque coloniale, les institutions bibliologiques d'exploitation et de conservation, à savoir, la bibliothèque nationale et les bibliothèques publiques étaient les instruments de l'idéologie coloniale pour son expansion.

Malgré le fait que « l'histoire des bibliothèques en République Démocratique du Congo sous la colonisation belge relève d'un conte de fée » (1), le Congo est l'un des premiers pays d'Afrique à avoir abrité une bibliothèque publique avec la création de la bibliothèque publique de Matadi en 1895 dès les débuts de l'État Indépendant du Congo (2). D'après la même source, les premières bibliothèques publiques officielles ont été créées par une ordonnance du gouvernement général du 20 avril 1932 bien avant celles du Ghana établies par le British Council en 1948 et celles du Nigeria, créées dans les années 1950»[2].

---

[1] Christophe Cassiau-Haurie, *Les Bibliothèques publiques du Congo-belge à la veille de l'indépendance : la grande illusion*, http://www.congoforum.be/upldocs/Biblioth%C3%A8ques%20publiques%20Cb%20Cassiau-Haurie.pdf, consulté le 05 mai 2015 à 20h34.

[2] Ibidem

Les colons avaient aussi développé des mécanismes de censure dans les bibliothèques à telle enseigne que même dans les bibliothèques des Européens au Congo, les fonds documentaires n'étaient pas susceptibles de faciliter l'épanouissement de l'intellect aussi bien des Congolais que des colons qui leur étaient proches. Par ce biais, les bibliothèques publiques de l'époque coloniale au Congo n'avaient qu'une politique d'achat réduite, une bonne partie de leurs acquisitions (la totalité en ce qui concernait les périodiques) étant déjà encadrée par le pouvoir central, que ces publications plaisent ou non aux lecteurs.

Par ailleurs, la topographie des bibliothèques chez les indigènes au Congo-belge était faite pour des visées colonialistes afin de rendre obscur le raisonnement des autochtones. L'exploitation de ces bibliothèques ne favorise pas une lecture responsable. A cet effet, lorsqu'on se rappelle le système d'enseignement colonial belge, on peut objecter que cette même administration avec sa politique d'indigénisation n'avait pas préparé les Congolais à la lecture. D'autre part, les objectifs poursuivis par le régime colonial en créant les bibliothèques pour Congolais visaient plus à soutenir la propagande dans les milieux indigènes qu'à fournir aux Congolais des lectures pouvant leur permettre de parfaire leurs connaissances à l'issue d'une scolarité trop souvent orientée vers des métiers manuels ou subalternes. Ceci explique la fourniture, par le gouvernement, des livres coloniaux et le mauvais choix des livres. Les lecteurs congolais portaient leur préférence sur les livres d'études ou didactiques, les livres relatifs au Congo, les récits de voyage, d'aventures, les publications de droit coutumier congolais, les biographies d'hommes célèbres, les inventeurs, les vies des saints, etc. Toutefois, il faudrait aussi reconnaître que la colonisation a essayé de récompenser les Congolais après leur engagement encourageant dans les deux guerres mondiales aux côtés des Belges. A ce propos, il y a lieu de retenir que « soulevant la question de la lecture publique pour les Congolais, Charles Dépasse, tout en soulignant l'effort de l'administration coloniale en matière d'enseignement, exprime néanmoins le vœu que dans les écoles les maîtres inculquent de plus en plus aux enfants congolais le goût de la lecture, le désir de s'instruire, de s'éduquer, de se former par le livre. Selon l'inspecteur belge, la situation des écoles pour Congolais et la formation des évolués dictaient une telle politique. A cela s'ajoute le nombre croissant des Congolais autodidactes, soucieux de parfaire leurs connaissances, bien que Depasse reste persuadé que *ne lisent vraiment que les évolués.*»[1]

C'est dans cette orientation que Patrice Emery Lumumba, malgré les limites de la formation coloniale, a su développer ses capacités de lecture personnelle. Lumumba était un rat de bibliothèque au point de devenir un autodidacte distingué.

5. Le service d'archives au Congo belge

Dès la création de l'Etat Indépendant du Congo, la machine administrative du roi Léopold II avait réglementé la gestion des archives. C'était une bonne initiative pour le suivi managérial et la conservation de la mémoire collective. En fait, c'est le Secrétaire Général à Boma, dans l'actuelle province du Bas-Congo, qui avait dans ses attributions le classement et la conservation des documents d'archives. Antoine Lumenga-Neso note que « (...) à partir de 1886, à Boma (...) les prémices ou l'embryon d'une organisation des archives» ([2]) a vu le

---

[1] Kadima Nzuji Mukala, *La littérature zaïroise de langue française: 1945-1965*, Paris, Karthala, 1985, p. 260.

[2] Antoine Lumenganeso, *Guide pour les Archives Nationales*, Kinshasa, 1992, p. 21.

jour. Il est aussi important de souligner que la période post-conférence de Berlin (1885) coïncide avec le siècle des archives en Europe, marqué singulièrement par la création des écoles de formation des archives, de la paléographie, de la diplomatique, etc. Comme l'Ecole Nationale de Chartes de France en 1821, l'Ecole de paléographie et diplomatique de Palerme en Italie, etc. Ce fut aussi le moment de la revalorisation des Archives Nationales européennes.

En plus, nous avons retenu que « en 1953 (...), un Service des Archives a commencé à fonctionner effectivement. En réalité, c'était un service gouvernemental attaché au Secrétariat Général du Gouvernement Général, et les dépôts provinciaux n'étaient qu'à leur début. Nous sommes donc là aux origines lointaines des Archives Nationales du Congo» ([1]). « En 1958, les Archives ont acquis le bâtiment qui les abrite actuellement et leur sert de siège au numéro 42/A, avenue de la Justice à Kinshasa-Gombe. Cet immeuble avait été précédemment occupé par l'imprimerie du Gouvernement général. L'installation n'a eu lieu qu'en 1959.»([2])

Une herméneutique historique des Archives Nationales, à travers ces références, nous fait retenir que pendant la colonisation, le Service d'archives était un élément moteur pour l'administration coloniale et l'évangélisation chrétienne. Cependant, toute la démarche archivistique était orientée vers la métropole car le service d'archives était une structure-relais dont la finalité était de transférer les documents administratifs en Belgique. Ainsi, les fonds d'archives des divers services du Congo se trouvent disséminés à travers la Belgique, spécialement au musée de Tervuren et à bien d'autres

---

[1] Idem, p. 23.
[2] Idem, p. 24.

pays européens. Enfin, lorsque nous étions étudiant dans le domaine des Sciences et Techniques Documentaires à l'Institut Supérieur de Statistique de Kinshasa en 1992, alors que nous exercions le stage académique, un fonctionnaire des Archives Nationales qui y a aussi œuvré à l'époque coloniale nous avait encouragé à parachever nos études en archivistique. Car pendant la colonisation, la gestion de l'actuel service d'archives nationales était la panacée stratégique des colons. Pour cet archiviste congolais, l'appropriation des archives du Congo par les Congolais devrait être le symbole du patriotisme.

6. L'acte de Berlin : la vraie constitution de l'Afrique

L'Afrique en 1884 fut un continent à peu près inconnu. La Conférence de Berlin a eu lieu du 15 novembre 1884 au 26 février 1885 et a réuni les ambassadeurs autour du chancelier Bismarck d'Allemagne qui représentait à l'époque la première puissance européenne et victorieuse de la France en 1870. Ce forum politique aboutit donc à l'élaboration des règles officielles de colonisation. L'impact direct sur les colonies fut une vague européenne de signature de traités. L'acte général de Berlin fut signé par les grandes puissances principalement européennes ; ce qui témoigne de la place de choix de l'Europe dans le monde à la fin du XIXème siècle. La Conférence de Berlin est connue comme le moment où les puissances coloniales se sont partagé le continent noir en l'absence de tout représentant africain.

Ayant réuni à Berlin les représentants de 14 pays européens, cette conférence avait pour objectif majeur de régler pacifiquement les litiges entre les Européens à propos des conquêtes coloniales en Afrique. L'Allemagne joua le rôle de médiatrice et plaida en faveur de la liberté du commerce et de la navigation, notamment dans le bassin du Congo et celui du Niger. L'Acte final fixa les règles de la colonisation de l'Afrique et imposa le principe de l'effectivité de la présence sur le lieu pour reconnaître une annexion quelconque.

L'Association Internationale Africaine qui fut octroyée au roi du Royaume de Belgique a été représentée à ces accises par *Auguste Lambermont* et *Gabriel Auguste van der Straten-Ponthoz*. Avec Alexis Brialmont et Emile Banning, Auguste Lambermont est un des trois mousquetaires de Léopold II. Pendant cette époque, Auguste Beernaert et Léopold II étaient respectivement chef du Gouvernement et Roi de la Belgique. Emile Banning était la mémoire du Roi des Belges, ayant exploité notamment les traces contractuelles que Henry Morton Stanley a conjurées avec les chefs africains analphabètes.

L'Acte de Berlin est à la fois un *document historique* et un *document d'archives d'actualité*. Car, comme pièce historique, cet acte renferme les informations historiques datant de plus d'un siècle. Mais, il s'inscrit dans la traçabilité managériale dans la mesure où il sert encore de « *constitution de l'Afrique* » surtout subsaharienne. Ce texte de loi est fondamental et constitue le fondement juridique de l'Afrique.

Nos recherches nous amènent à conclure que l'Acte de Berlin est le cadre juridique et stratégique, sinon « *la constitution de l'Afrique* » qui régit encore les pays africains même après leurs indépendances. A cet égard, ce texte de la légistique consacre l'intangibilité des frontières des pays africains issues de la colonisation. En plus, cet acte permet, de nos jours, d'assurer l'équilibre en Afrique nonobstant quelques problèmes qu'on y observe.

Si officiellement l'acte de Berlin n'est plus d'application politique même après les indépendances des pays africains, on peut observer que ces derniers subissent pourtant les influences de l'hégémonie colonialiste. En réalité, la France gère ses ex-colonies, le Portugal influe sur son ancien espace colonial lusophone, la Grande Bretagne influence la zone linguistique anglophone. Quant à la Belgique, elle a la mainmise sur la RD Congo, le Rwanda et le Burundi même si dans le « *real politik* », elle semble perdre son hégémonie sur ses ex-colonies au détriment d'autres puissances.

L'Acte général de la Conférence de Berlin ou encore l'Acte général de la Conférence africaine de 1885 signé le 26 février de la même année a consacré l'esprit de la mondialisation à l'Association Internationale Africaine : ancêtre de l'Etat Indépendant du Congo. Aussi faut-il noter que l'hydrographie et le commerce ont été les préalables sine qua non du partage de l'Afrique, surtout pour les deux fleuves : *le Niger et le Congo*.

7. Les lois fondamentales africaines calquées sur le modèle colonial.

Les constitutions des pays africains reflètent l'agir politique et juridique du pouvoir organisationnel des anciens colons. Car, avec une approche de la légistique, on peut aisément classifier les constitutions africaines, surtout dans l'Afrique subsaharienne selon quatre zones d'inspiration. (1) La zone d'inspiration britannique ; (2) La zone d'influence portugaise, (3) La zone d'influence française et enfin, (4) La zone d'influence belge.

La constitution, par essence, n'est qu'un acte politico-juridique concrétisé par un ou plusieurs documents écrits nouveaux. Ainsi, selon la théorie de la hiérarchie des normes, développée notamment par Hans Kelsen[1], celui-

---

[1] Hans Kelsen, né le 11 octobre 1881 à Prague sous l'Empire austro-hongrois, décédé le 19 avril 1973 à Orinda en Californie, est un juriste austro-américain, fils d'une famille juive de Bohême et de Galicie. Dans le domaine du droit, il est à l'origine de la « *théorie pure du*

ci soutient que chaque règle de droit est légitimée par une règle de droit supérieure et à laquelle elle doit être conforme (le règlement est inférieur à la loi, elle-même inférieure aux traités. La Constitution est par là même la loi fondamentale qui légitime toutes les normes inférieures. Cette théorie est complétée par le principe de constitutionnalité qui indique que la Constitution est le principe suprême du droit d'un État et que son respect, obligatoire et nécessaire, est assuré par une cour constitutionnelle, que ce soit un Conseil constitutionnel (comme en France) ou une Cour suprême (comme aux États-Unis).

La Constitution est donc un ensemble d'écrits légitimés dans une approche hiérarchique et, par conséquent, elle fait l'objet de la suprématie du droit d'Etat. Elle est le premier document de la légistique. Celle-ci est traditionnellement un domaine de droit et de la politologie focalisé sur la conception, la rédaction, l'adoption, la promulgation et la communication des textes législatifs.

Depuis 2005, nous nous efforçons de lui donner aussi un contenu bibliologique d'autant plus que les textes légaux sont les écrits et, par conséquent, ils bénéficient des paradigmes de la bibliologie : l'écrit et la communication écrite. C'est dans ce contexte que le Journal Officiel est désormais considéré comme une des unités d'information et de communication documentaires à l'instar de la bibliothèque, du Centre de documentation ou centre d'information et du service d'archives. En outre, avec la prise en charge de la bibliologie politique, nos recherches s'intéressent aussi à l'intégration de la légistique comme réflexion et praxis de la pensée

---

droit». Il est le fondateur du normativisme et du principe de la pyramide des normes.

politique et juridique dans l'explication de l'écrit politique et de la communication écrite juridique.

En menant une étude comparée des constitutions des pays africains, on peut noter que les anciennes colonies restent encore sous le contrôle de leurs maîtres qui sont les défenseurs de la démocratie qu'ils ont créée et cherchent à imposer à travers le monde. Les pays africains sont donc dans les pré-carrés de leurs colonisateurs.

8. La désacralisation du texte par l'Africain.

La désacralisation du texte a été utilisée par Spinoza[1], et peut être comprise comme étant le fait d'enlever le caractère sacré de quelque chose. On peut parler de la désacralisation de la Bible chez Spinoza dans la mesure où il se propose de l'interpréter avec une méthode aussi rationnelle que celle qui sert à rendre compte des phénomènes particuliers de la nature. Mais d'un autre côté, c'est une façon beaucoup plus respectueuse de lire le texte que celle de ceux qui forcent le texte en l'interprétant à partir de leurs expériences historiques et

---

[1] Baruch Spinoza, également connu sous les noms de Bento de Espinosa ou Benedictus de Spinoza, né le 24 novembre 1632 à Amsterdam, mort le 21 février 1677 à La Haye, est un philosophe hollandais dont la pensée eut une influence considérable sur ses contemporains et nombre de penseurs postérieurs. Spinoza fut un héritier critique du cartésianisme. Il prit ses distances vis-à-vis de toute pratique religieuse, mais non envers la réflexion théologique, grâce à ses nombreux contacts inter-religieux. Après sa mort, le spinozisme, condamné en tant que doctrine athée (puisque son panthéisme va à l'encontre d'une définition d'un Dieu transcendant, hors de ce monde, comme dans le christianisme, le judaïsme et l'islam), eut une influence durable. Gilles Deleuze le surnommait le *Prince des philosophes*, tandis que Nietzsche le qualifiait de *précurseur*, notamment en raison de son refus de la téléologie.

géographiques différentes de celles des auteurs de la Bible, et en finissant par faire dire aux textes ce qu'ils veulent plutôt que ce qui s'y trouve effectivement.

Dans ce texte, la désacralisation a comme contenu sémantique le manque de respect ultime de l'écrit, voire du texte. En supplément, l'autre acception de ce concept peut être la non prise en charge de l'écrit pour ses valeurs primaires. De l'oralité à la scribalité, l'Africain ne semble pas encore intérioriser le principe sacré relatif au respect de l'écrit. Cette situation est constatée dans les divers milieux africains, élitistes soient-ils.

Dans la sphère politique, on observe que les Etats africains signent presque tous les traités internationaux et les conventions dont les applications semblent reléguer à la seconde zone. Bien plus, on constate que les textes fondamentaux des pays africains font l'objet de changement et de modification dans des périodes aussi réduites qu'éphémères. En milieux universitaires, les bibliothèques africaines souffrent du manque de socialisation réelle même dans le monde savant. L'écrit étant l'expression du rapport entre l'espace et le temps, il mérite d'être respecté, car il est le gage contractuel de la société. Son respect est la reconnaissance du paradigme civilisationnel de la société moderne.

9. La déconstruction de la bibliologie coloniale

Ayant subi la colonisation, l'Afrique a eu à consolider et à pérenniser la pensée coloniale dominante. Celle-ci existe aussi dans les écrits. L'entreprise coloniale a réussi ainsi à créer une bibliologie coloniale qui a comme soubassement la bibliologie politique.A ce propos, le philosophe Nietzche a pensé que « *le fils doit tuer son père pour se créer une autre identité* ».

L'Africain colonisé doit être capable de reconsidérer la pensée dominante coloniale qui l'endoctrine encore pour pouvoir se faire une nouvelle identité autonome.

L'écrit colonial est l'expression de l'extraversion de l'économie africaine, la dépendance en perdant ainsi les valeurs ancestrales. Le système pédagogique est orienté vers la maîtrise de l'Occident, et ce, au détriment des origines et de la connaissance profonde de l'Afrique, etc.

En guise d'illustration, nous nous appuyons sur la science. En réalité, l'histoire des sciences joue un rôle idéologique d'autant plus qu'elle ressemble aux histoires des nations destinées à promouvoir l'esprit patriotique ou civique, suscitant la fierté d'une nation, d'un Etat ou de tout un continent. Tel a été le cas de l'Europe qui a longtemps attribué à la Grèce le mérite de l'origine des sciences et de l'avènement de l'humanité ou de la civilisation, tandis que l'Afrique était présentée comme un continent sans écriture, sans histoire et sans civilisation.

Ces opinions se sont avérées non fondées. Pour ce faire, il importe de retenir que « *l'Afrique, continent sans écriture* » est un axiome couramment répandu. « *Pourtant, les systèmes d'écriture utilisant des signes graphiques sont nombreux*» en Afrique, reconnaissent actuellement ainsi plusieurs chercheurs. Cependant, l'axiome selon lequel l'Afrique est un continent à tradition orale continue à être enseigné aux élèves, alors que l'Afrique détient le hiéroglyphe comme un élément passif et actif de l'ecriture. Quant à *l'Afrique, continent sans histoire,* « plusieurs auteurs et penseurs africains, en l'occurrence Cheick Anta Diop, Théophile Obenga, Joseph Ki-Zerbo, Elikia M'bokolo, Isidore Ndaywel é-ziem, etc. ont démontré à travers des publications scientifiques que l'Afrique a une histoire.»[1]

---

[1] Jean Raoul Lumpungu, *L'origine des sciences effacée dans l'enseignement* in Le Potentiel, publié le 30 avril 2014, http://www.lepotentielonline.com/index.php?option=com_content&

En fait, si l'Afrique est le berceau de l'humanité, ne saurait–elle pas être aussi le berceau de l'écriture avec le hiéroglyphe, le berceau de la mathématique avec l'os d'Ishango[1] ?

C'est pourquoi, pour la construction de l'archivistique ou du courant archivologique africaniste, nous avons relevé que « (...) la finalité de l'archivistique est la mémoire. Les paradigmes fondamentaux des archives sont la conservation et la communication des informations. Dans le système de l'oralité, la conservation et l'utilisation de l'information produite par la société traditionnelle africaine est gérée notamment par le griot. Il serait commode dans cette logique que l'archivistique, selon le courant africaniste, puisse prendre en compte l'anthropologie, la sociologie, l'ethnologie, etc. afin de mieux associer son intelligence dans un environnement à tradition orale. »[2]

La déconstruction de la pensée coloniale ne veut pas forcément dire que l'Africain doit faire table rase de l'histoire coloniale, mais il est plutôt invité à exploiter le juste milieu pour la redéfinition de la bibliologie africaine fondée sur l'Interculturalité africaniste afin de bien se

---

view=article&id=7363:l-origine-des-sciences-effacee-dans-l-enseignement&catid=94:forum&Itemid=510, consulté le 1er mai 2014 à 15h00.

[1] Les os d'Ishango, également appelés bâtons d'Ishango, sont des artéfacts archéologiques découverts dans l'ancien Congo belge et datés de peut-être 20 000 ans. Selon certains auteurs, il pourrait s'agir de la plus ancienne attestation de la pratique de l'arithmétique dans l'histoire de l'humanité. On les a considérés d'abord comme des bâtons de comptage mais certains scientifiques pensent qu'il s'agirait d'une compréhension bien plus avancée que le simple comptage. Cette thèse est rejetée par d'autres auteurs, dont Olivier Keller.

[2] Bob Bobutaka Bateko, *De l'archivistique à l'Archivologie : Essai d'une rupture épistémologique* in Revue de Bibliologie, Schéma et Schématisation : Le cycle inter-séculaire du libéralisme et du communisme. Vers la lutte finale ?, n* 79, Paris, L'Harmattan, 2013, pp.110-111.

positionner dans la mondialisation : le rendez-vous du donner et du recevoir.

Une fois la déconstruction de la bibliologie coloniale faite, la construction de la bibliologie africaine doit se faire sur la base d'une responsabilité et de la remise en question de son « *moi profond* » pour que l'Afrique qui était, au début, le berceau de l'humanité, puisse s'assumer comme le grenier de la nouvelle dynamique de la bibliologie considérée comme la science de la recherche, de la découverte et de la mémoire, et ce, au-delà de la science de l'écrit et de la communication écrite. Dans cette orientation épistémologique, l'écrit ne se focalisera pas sur l'alphabet avec le document textuel mais aussi sur le document sonore, le document visuel et le document audio-visuel, car tous ces documents font partie de l'écrit compris comme l'ensemble des traces consignées ou pétrifiées. La déconstruction de la bibliologie coloniale passe aussi par la réorganisation du système d'enseignement qui conserve encore le modèle extraverti colonial pour une approche introvertie afin de créer un profil d'homme susceptible d'asseoir la pensée africaniste dans un contexte de mondialisation.

Conclusion

Le bibliologue Robert Estivals encourage les Africains à se prendre en charge pour la reconsidération de la bibliologie coloniale en faveur de la bibliologie africaine. A cet effet, il a suggéré aux Africains « (...) de déboucher sur une étude comparative des concepts principaux de la bibliologie qui permettrait à la science africaine d'égaler la pensée occidentale. »[1]

---

[1] Robert Estivals, *Préface: Lanceurs d'alertes politiques et scientifiques* in Revue de Bibliologie, Schéma et Schématisation : Le cycle inter-séculaire du libéralisme et du communisme. Vers la lutte finale ?, n° 79, Paris, L'Harmattan, 2013, p.16.

A l'époque coloniale, l'écrit a été principalement au service du colon afin de paupériser davantage l'Africain, et ce, même dans le domaine de la religion où l'écrit biblique était exploité pour l'endormir.

La création des établissements universitaires africains avec la nouvelle approche de la décolonisation doit être le cheval de bataille des politiques africaines en vue de revaloriser et de prendre en charge l'écrit dans une approche d'heuristique endogène.

Le bibliologue africain doit se rappeler l'écriture hiéroglyphique égyptienne pour la mise en place de nouvelles perspectives intégratives de l'écrit et de la communication écrite selon l'anthropologie et la culture africanistes pour le développement de la pensée philosophique et scientifique africaines.

Toutefois, il serait quand même incommode de ne pas reconnaître les efforts de la colonisation pour la socialisation de l'écrit comme gage du développement, peu importe l'approche d'extraversion et de dépendance. Enfin, pour la construction de la bibliologie africaniste, le bibliologue africain doit se ressourcer aussi dans d'autres expériences, négatives soient-elles, pour un nouvel élan plus constructif devant conduire à sa participation active à la consolidation épistémologique de la bibliologie. Cette discipline fondatrice des sciences de l'information et de la communication, comme pense Robert Estivals, suit les changements de l'histoire et passe le relais aux scientifiques des anciens pays colonisés, tel que l'exige e la théorie des civilisations.

Etude des bibliographies générales relatives à l'époque coloniale du Congo belge[1]

Jean-Pierre Manuana Nseka

Ce texte tente de rendre compte du corpus des travaux bibliographiques en limitant notre choix aux bibliographies générales produites par Gabriel KAYSER et A.-J. WAUTERS dans la perspective de la sociologie de la bibliographie.

L'expression « sociologie de la bibliographie » a été introduite en 1971 par R. ESTIVALS dans la *bibliométrie bibliographique*[2]. Toutefois, il est utile de signaler que le principe d'une approche sociologique de la bibliographie n'est pas neuf. Elle remonte à L. N. MALCLES qui, dès la publication en 1956 de *La Bibliographie* assignait à cette approche les tâches suivantes : « Etablir des corrélations entre l'activité des bibliographes aux diverses époques et les besoins de la recherche intellectuelle ; déterminer pour chaque époque les rapports entre les facteurs historiques, économiques ou autres et la production des répertoires ; discerner enfin les courants d'influence d'une nation à l'autre, tels pourraient être les objectifs d'une étude scientifique d'ensemble »[3].

---

[1] Ce texte est tirée de : « L'oeuvre bibliographique coloniale belge au Congo de 1876 à 1960 : Interprétation bibliologique". Dissertation doctorale présentée et défendue en vue de l'obtention du grade de Docteur en Sciences de l'Information et de la Communication, Kinshasa, Institut Facultaire des Sciences de l'Information et de la Communication (IFASIC), 2005, 617p.

2 RANIVO Martin, *Sociologie de la bibliographie,* In : Les sciences de l'écrit, sous la dir. De Robert ESTIVALS, Paris, Retz, 1993, p. 484

3 MALCLES Louise, *La bibliographie,* Paris, PUF, 1956, p. 4

La même année, G. VARET, dans *Histoire et savoir*, a engagé la bibliographie dans une nouvelle direction théorique, celle de la philosophie de la bibliographie qui se propose de « déchiffrer la Croix du Savoir dans l'horoscope bibliographique ». Ses remarques ont été resituées plus tard par R. ESTIVALS « dans une double perspective historique et fonctionnelle. La philosophie devient dès lors sociologie de la bibliographie »[1].

A partir de ce moment, l'objet de la sociologie de la bibliographie devient clair : « [...] rendre compte des catégories successives de bibliographies (genres, espèces, nature), de leurs formes, des *classifications bibliographiques* adoptées, des documents retenus (types, personnalités et nationalités des auteurs, langues, lieux et dates d'édition...) ainsi que d'autres caractéristiques, par l'étude de l'évolution des sociétés qui leur ont donné naissance. Celle-ci influe sur le système d'information, notamment sur les circuits et structures d'abord bibliologiques, puis bibliographiques ».

Nous nous sommes intéressé à l'intitulé, au contenu, aux types de classification, à une étude bibliométrique et à une interprétation bibliologique de ces deux bibliographies.

1. Étude de la bibliographie de Gabriel KAYSER

1.1. Intitulé et contenu de la bibliographie

L'œuvre de Gabriel KAYSER qui sera soumise à l'étude s'intitule *Bibliographie d'ouvrages ayant trait à l'Afrique en général dans ses rapports avec l'exploration et la civilisation de ses contrées depuis le commencement de l'imprimerie jusqu'à nos jours*, propriété de l'auteur, publiée à Bruxelles en 1887, 176 pages et dédiée à

1 RANIVO Martin, *art. .cit.*, p. 484

Léopold II. En observant de près ce vaste ensemble, on constate que cette bibliographie est répartie en deux parties inégales. La première et la plus importante va de la page 1 à la page 147. Elle concerne les grandes répartitions géographiques de l'Afrique. La seconde et la moins importante en volume va de la page 147 à 174 (soit 27 pages) est consacrée aux disciplines scientifiques bien qu'à la fin, elle se clôture par trois suppléments de répartition géographique consacrés à l'Afrique Centrale, au Congo ou Zaïre et à la région des lacs.

1.2. Classification adoptée dans cette bibliographie

Il faut reconnaître qu'il n'est pas aisé de déceler le caractère général de cette bibliographie dans la mesure où Gabriel KAYSER n'a pas recouru à une classification claire pour l'établir. Qui plus est, l'auteur ayant réparties ses données en deux volets – l'un géographique et l'autre par discipline -, on est tenté d'opérer une classification géographique et une autre par discipline telles que nous les interpréterons dans la suite.

1.3. Étude bibliométrique et interprétation bibliologique

L'étude bibliométrique se fera à plusieurs niveaux, à savoir : la quantification des notices bibliographiques au niveau de chaque classe, des notices réservées au Congo-Kinshasa, du vocabulaire pour confirmer que c'est une classification géographique et des notices bibliographiques par sujet et par discipline. Ces éléments nous seront utiles pour l'interprétation bibliologique.

1.3.1. Quantification des notices bibliographiques par classe

On remarquera d'abord la place qu'occupe l'Afrique Centrale, équatoriale et le Congo ou Zaïre dans cette bibliographie. Ce regain d'intérêt montre à suffisance que le projet colonial belge était bien focalisé sur cette partie de l'Afrique et principalement sur le Congo ou Zaïre. Lorsqu'on constate ensuite que la deuxième zone d'intérêt que révèle cet histogramme est formée des « régions des mers, Golfes », « Afrique septentrionale, Afrique du Nord-Est, Côte orientale », on comprend la finalité ultime de ces travaux qui apparaissent dans leur nature réelle d'instruments élaborés pour mieux connaître, c'est-à-dire aussi pour mieux dominer les périmètres coloniaux, précisément les Afrique belge (Afrique centrale, Congo/Zaïre), française (Afrique centrale, occidentale et du Nord-Est), portugaise (Afrique des mers, Golfes) et britannique (Afrique septentrionale, côte orientale), etc.

Le besoin de mieux connaître pour mieux les gérer – ces différentes zones d'intérêts, - justifie aussi l'intérêt que ce répertoire accorde à certains travaux d'ethnologie, d'anthropologie et de politique.

Les éléments susindiqués montrent bien que la préoccupation de l'époque était claire : fournir à l'autorité politique les voies et moyens pour explorer le pays. La géographie a été la discipline mère de l'époque pour atteindre cet objectif.

1.3.2. Quantification des notices bibliographiques consacrées au Congo-Kinshasa

Ce dépouillement montre que :

1°) 202 notices bibliographiques sont consacrées au Congo ou Zaïre ;

2°) l'appellation Congo ou Zaïre nous interpelle. Est-elle consacrée uniquement au Congo-Kinshasa ou aussi au Congo-Brazzaville ? L'analyse nous montre qu'elle est consacrée aux deux Congo. Ce qui est frappant également, c'est l'appellation Zaïre. Est-elle une référence à la terre du Congo-Kinshasa ou au fleuve qui irrigue cette dernière ? Cette question relève purement de la science historique. D'après le Professeur Isidore NDAYWEL, « le terme « Zaïre » relève d'une mauvaise audition du mot « nzadi » désignant un fleuve quelconque. La déformation est ancienne puisqu'elle date du XVe siècle et prit un sens particulier pour qualifier le « fleuve Zaïre »[1].

Nous pouvons également préciser à sa suite que « la première mention écrite du mot Zaïre date de 1529. Dans une lettre de D. Joao III, roi du Portugal, adressée au roi du Kongo, le fleuve est appelé Rio Zayre » [...]. Dans la suite, sur une carte de Antonio Saches (1941), on constate que le fleuve se divise à l'embouchure en deux branches appelées « Zaïre » et « Congo »[2]

Ainsi pour confirmer que la bibliographie de G. KAYSER est géographique, nous avons procédé dans le point qui suit à une analyse lexicométrique.

1.3.3. Quantification des termes spécifiques

Pour montrer davantage que nous nous trouvons en face d'une classification géographique, nous avons préféré utiliser la lexicométrie. Celle-ci « mesure le vocabulaire et rejoint une partie de ce qu'on nomme analyse de contenu ».

Que révèle cette analyse lexicométrique ? D'abord, elle nous montre que la rubrique « Congo ou Zaïre » de la bibliographie de G. KAYSER n'est pas uniquement consacrée au Congo-Kinshasa mais également au Congo-Brazzaville et au reste de l'Afrique où les intérêts du projet colonial belge étaient en jeu. Le nombre des notices

---

1 NDAYWEL E NZIEM Isidore, *Histoire générale du Congo : de l'héritage ancien à la République Démocratique*, Bruxelles, De Boeck, 1998, p. 23

2 *Ibid.* surtout la note 6

bibliographiques consacrées au Congo est révélateur. Ensuite, cette rubrique confirme également que nous nous trouvons en présence d'une classification géographique par les termes géographiques utilisés dans les notices comme, cours d'eau, découverte, description, embouchure, expédition, fleuve, géographie, hydrographie, itinéraire, mission, navigation, Nil, pénétration, pérégrination, prospection géographique, rivière, station, visite, végétation, voyage, voyageurs.

Quels sont alors les sujets qui sont abordés dans cette recherche ?

1.3.4. Quantification des notices bibliographiques par sujet

Comme on peut le constater dans nos analyses précédentes, le plus gros de la production éditoriale coloniale s'est focalisée sur l'exploration du Congo en général et du Congo-Kinshasa en particulier. Ce qui est tout à fait normal car cela était l'un des objectifs du projet colonial belge. C'est pour la même raison que le Congo occupe la seconde position dans cette bibliographie.

1.3.5. Quantification des notices par disciplines

Le résultat de cette étude est par lui-même si éloquent qu'il se passe de commentaire. Il impose la géographie en sa nature de « discipline pionnière, scientifique et populaire »[1]que nomme Marc PONCELET. Le « champ d'investigation de la géographie devint énorme : « connaître la terre, connaître le globe dans tous ses aspects et dans tous ses détails qu'y présentent les trois règnes [...]. La géographie physique offre un corps complet de doctrines et [...] aucune branche des sciences naturelles n'échappe à son ressort [..]. La géographie

1 PONCELET Marc, *Sciences sociales, colonisation et développement : une histoire sociale du siècle d'africanisme belge*, tome 1, Liège, Université de Liège, s.d., p. 81

comprend l'astronomie, la géodésie, la topographie et la cartographie qui forment la géographie mathématique. La géographie physique comprend : l'orographie, l'hydrographie, la climatologie, la botanique, la zoologie, l'anthropologie (physique) et l'ethnologie. A cet immense champ de recherche [...], s'ajoute la minéralogie, la géogénie, la paléontologie et enfin la géographie politique comprenant essentiellement l'histoire et la statistique sociale »[1]. C'est sans doute cette nomenclature qui a permis à Gabriel KAYSER de formaliser la classification de sa bibliographie qui, pour cette raison, a été qualifiée « générale ».

1.3.6. Problématique sur le premier livre consacré au Congo ancien

La recherche sur les premiers écrits consacrés au Congo Ancien a été menée avec passion par des auteurs belges, surtout des historiens. Les résultats sont unanimes pour reconnaître dans la *Relatione del Reame di Congo* de LOPEZ-PIGAFETTA, publié en 1591 le premier livre écrit sur le Congo.

Parmi les études qui font allusion à cette question, nous pouvons signaler :

1°) celle de Mgr J. CUVELIER intitulée « Notes sur Duarte Lopez », in : Bulletin des séances de l'IRCB, vol. XIV, n°2, 1943, p.314-329 où il retrace la personnalité de Lopez, son séjour en Angola et au Congo, son ambassade en Espagne et à Rome. Cette étude tranche la fameuse question de l'authenticité de ce livre.

2°) Théodore HEYSE aborde ce sujet dans son titre « *L'ARSC et l'Ancien Congo* », in : Archives, Bibliothèques et Musées de Belgique, t. XXIX, n° 1, p.21-36 où il soutient:

---

1 *Ibid.*, p. 87

« le premier document descriptif du Congo et de ses habitants est le récit du commerçant Duarte Lopez, rapporté par l'italien Filippo Pigafetta sous le titre Relatione del Reame di Congo..., publié vers 1591, un siècle environ après la découverte par les navigateurs lusitaniens »[1]. Sur la question, Théodore HEYSE s'est inspiré des études de Mgr J. CUVELIER dont les principales sont : *Edouard Lopez* ; *Philippe Pigafetta*, In : IRCB, Biographie coloniale belge, t.II, 1951, col. 647-648, 771 ; *Notes sur Duarte Lopez*, In : IRCB, Bulletin des séances, n° 2, 1943, p.314-330.

3°) M. E. De Jonghe a consacré à cette problématique une étude intitulée « *Le Congo au XVIe siècle. Notes sur Lopez-Pigafetta* », in : IRCB Bulletin de séances, vol. IX, n° 3, 1938, p.693-723. Il s'agit beaucoup plus d'une étude critique de l'édition de cette publication basée sur les études de Th. SIMAR.

4°) Th .SIMAR a été l'auteur le plus productif sur cette question qu'il examine dans plusieurs études dont la plus importante est manifestement celle consacrée aux *Sources de l'histoire du Congo antérieurement à l'époque des grandes découvertes*, In : Revue belge de Philologie et d'Histoire, 1922, p.707-717 où il répertorie toutes les sources manuscrites ou imprimées relatives à l'histoire de ces premières tentatives de pénétration dans le continent mystérieux[2]. Dans ses conclusions, il rallie ses prédécesseurs qui ont fait de la « Relatione del Reame di Congo » de Lopez-Pigafetta le premier livre sur le Congo ancien.

---

1 HEYSE Théodore, L'ARSC et l'Ancien Congo, In : *Archives, Bibliothèques et Musées de Belgique*, t. XXIX, n° 1, p. 25
2 HEYSE Théodore, *art. cit.*, p. 22

5°) Il en va de même de l'ouvrage de Herman KERMANS intitulé *Esquisses d'histoire congolaise* qui signale qu'en 1591 a eu lieu la publication à Rome du premier livre sur le Congo : *Relatione del Reame e delle circonvicine contrade* par Lopez et Pigafetta[1].

6°) La même conviction est partagée par Willy BAL[2] qui écrit : « Publiée en 1591 à Rome, la *Relatione del Reame di Congo* est l'oeuvre d'un humaniste italien, F. Pigafetta, et d'un commerçant portugais, D. Lopez, qui servit d'informateur. Pièce maîtresse de l'histoire du Congo, sorte de synthèse des connaissances que le XVIe siècle avait de l'Afrique, elle excita la curiosité de toute l'Europe et provoqua un vif courant de sympathie pour le lointain royaume de « Manicongo ». Traduits presque immédiatement en quatre langues, largement utilisée et pillée au siècle suivant, elle connut un regain de faveur dans la seconde moitié du XIXe siècle et fut l'objet d'une vive controverse [3]».

Willy Bal qui a établi la première traduction française intégrale, faite directement sur l'original[4] confirme la *Relatione del Reame di Congo e delle circonvicine contrade* comme la plus ancienne description du Congo[5].

7°) La question, fort disputée, a intéressé aussi Jean-Luc VELLUT[6]. Et l'on constate que si Willy BAL et Jean-Luc

1 KERMANS Herman, *Esquisses d'histoire congolaise*, Anvers, Editions Zaïre, 1944, p. 117

2 BAL Willy, *Description du Royaume de Congo et ses contrées environnantes par Filippo Pigafetta et Duarte Lopez(1591)*, traduite de l'italien et annotée, Louvain, Editions Nauwelaerts/Paris, Béatrice-Nauwelaerts, 1963, XXXVI, 249p.

3 KERMANS Herman, *op.cit.*, p. 117

4 *Ibid.*

5 *Ibid.*, p. V

6 VELLUT Jean-Luc, *Guide de l'étudiant en Histoire du Zaïre*, Kinshasa-Lubumbashi, 1974, p. 97

VELLUT partagent la même conviction, le second reconnaît toutefois que cette période est mal connue et nécessiterait de recherches plus approfondies : « au XVIe siècle, nous avons la relation de Duarte LOPEZ, commerçant portugais (« chrétien nouveau », ou juif converti) qui séjournera à Luanda puis à San Salvador en 1578-83. A son retour en Europe, il se rendit à Rome comme ambassadeur du Roi du Kongo auprès du Saint-Siège. Là, il communiqua des notes à Filippo Pigafetta, et eut des entretiens avec le célèbre humaniste italien, qui permirent à celui-ci de rédiger la *Relatione del Reame di Congo* [1]».

Mais le dépouillement de la bibliographie de Gabriel KAYSER nous a permis de remettre en question cette unanimité des chercheurs sur la « *Relatione del Reame di Congo* » comme premier livre sur le Congo ancien avec la découverte du manuscrit de Pacheco's M., «*Instruction zu einer Reise nach dem Inneren von Congo-Port.* Manuscrit de l'an 1536.Hydro. Afr. Cord., p.15 ». Cette indication bibliographique est faite dans la rubrique Congo ou Zaïre de la Bibliographie de Gabriel KAYSER. Il serait l'un des bibliographes à y faire mention parmi tous les bibliographes étudiés. En plus, nos investigations dans les Bibliothèques historiques de Belgique et les fouilles systématiques des études historiques consacrées aux sources manuscrites et imprimées sur l'ancien Congo, n'ont fait aucune mention de cette indication bibliographique. Il en est de même de nos recherches systématiques menées sur Internet.

Pacheco's ou Lopez-Pigafetta, qui serait le premier à écrire un livre sur le Congo ancien ? Nos recherches n'ont point révélé une publication qui n'ait jamais été signalée dans les études consacrées sur cette question. Il revient

---

1 *Ibid.*

donc aux historiens d'approfondir la question et d'y apporter la lumière nécessaire.

2. L'étude de la bibliographie du Congo de A.-J. WAUTERS

2.1. Intitulé et contenu de la bibliographie

La bibliographie du Congo 1880-1895 est une œuvre produite conjointement par A.-J. WAUTERS et A. BUYL à Bruxelles par l'Administration du Mouvement géographique en 1895. Cet ouvrage de 356 pages comprend 3.000 notices bibliographiques. Il comporte une préface de six pages, l'introduction est consacrée au résumé chronologique des principaux faits de l'histoire du Congo (37 pages), la bibliographie du Congo 1880-1895 (332 pages), l'index alphabétique (21 pages) et la table des matières (2 pages).

2.2. Classification adoptée dans la bibliographie

A.-J. WAUTERS et A. BUYL adoptent une classification encyclopédique spécifique à la situation de leur époque. Elle comprend des classes et des sous-classes. Voici les 24 classes que nous pouvons énumérer selon l'ordre proposé par les deux auteurs.

Cette classification comprend 28 sous-classes reparties de la manière suivante :

- La classe 3 : Histoire comprend 4 sous-classes : Délimitation de l'Etat Indépendant du Congo, le Congo à la Chambre des Représentants, le Congo au Sénat et Projet d'annexion du Congo à la Belgique ;
- La Classe 10 : Faune est divisée en 8 sous-classes : Généralités, Mammifères, Oiseaux, Reptiles et Batraciens, Poissons, Mollusques, Articulés, Zoophytes ;

- La classe 12 : Linguistique comprend à son tour 3 sous-classes : Généralités, langue congolaise et langue swahili

- La classe 15 : Missions religieuses comprend comme le précédent 3 sous-classes : les anciennes missions catholiques, Missions Catholiques et Missions protestantes ;

- La classe 16 : Commerce, Industrie et Agriculture comprend une seule sous-classe : Sociétés commerciales du Congo ;

- La classe 19 : Organisation et Administration comprend comme celle qui précède une seule sous-classe : Orthographie des noms géographiques ;

- La classe 23 : cartes partielles de l'Etat Indépendant du Congo comprend également une seule sous-classe : observations astronomiques et construction de la carte du Congo.

2.3. Etude bibliométrique et interprétation bibliologique

2.3.1. Quantification des notices bibliographiques par sujet

Pour une interprétation plus aisée des classes et sous-classes quantifiées, nous les avons transformées et converties en sujets. Cela nous a permis de faire ces constats :

La classe 4 « Explorations et Découvertes » occupe la première position avec 783 notices, soit 20,61 %. Elle est suivie en deuxième position par la classe 10 « Faune » avec 537 notices, soit 14,19 %. La classe 23 « Cartes partielles de l'Etat Indépendant du Congo » avec 323 notices, soit 8,50 % vient en troisième position. La classe 3 « Histoire » se classe en quatrième position avec 319 notices, soit 8,40 %, etc.

2.3.2. Quantification des notices bibliographiques par discipline

Après cette quantification, il se dégage des faits suivants : la géographie occupe la première position avec 1476 notices, soit 38,84 %, suivie de l'Agriculture avec 633 notices, soit 16,66 %. L'Economie vient en troisième position avec 381 notices, soit 10,03 %. La politique en quatrième position avec 378 notices, soit 9,95 % et l'Anthropologie et l'ethnologie avec 294 notices, soit 7,74 %, etc. Comment expliquer cela dans le cadre de la sociologie de la bibliographie ?

2.4. Interprétation bibliologique

Nous essayerons ici d'expliquer les sujets et les disciplines les plus représentatifs issus des classes et sous-classes de la bibliographie de A.-J. WAUTERS en fonction de la situation sociale, politique, économique et culturelle de l'époque. Dans le secteur de la « Géographie », certains sujets se distinguent, particulièrement « Explorations et découvertes » avec 783 notices, soit 20,61 %, orthographes des noms géographiques (17 notices, 0,45 %) ; cartes/Afrique (32 notices, 0,84 %) ; cartes/Afrique centrale (29 notices, 0,76 %) ; cartes/Bassin - EIC (37, 0,97 %) ; cartes EIC-observations astronomiques (323 notices, soit 8,50 %), soit dans l'ensemble 421 notices (soit 11,07%).

Comme autres sujets relevant de la géographie, on note aussi « l'orographie, l'altimétrie et l'hydrographie » avec 146 notices (soit 3,84 %) ; la géologie et la minéralogie avec 140 notices (soit 2,76 %).

L'abondance de la production éditoriale sur « Explorations et découvertes » s'explique d'abord par la production des études d'ensemble sur l'Afrique centrale, des monographies sur le Congo et des guides destinées aux voyageurs africains[1]. Nous attribuons cette hausse de la production aux besoins de cette époque focalisés sur l'exploration. C'est dans la période allant de 1816 à 1885 que nous situons les grandes expéditions et découvertes de l'Afrique centrale en général et du Congo en particulier qui aboutiront à la création de l'EIC, entre autres : celle de l'anglais TUCKEY en 1816 qui remonte le fleuve Congo jusqu'aux chutes de Yelala et qui inaugure ainsi la période des « explorations scientifiques du 19e siècle » en Afrique centrale et australe où elles furent marquées par des faits importants comme :

- la reconnaissance en 1843 du Haut-Kasaï par le portugais Graça
- la reconnaissance de 1851 à 1855 du Haut-Zambèze et du Haut-Kasaï par Livingstone qui révèle au monde européen les chutes Victoria et qui effectue la première traversée de l'Afrique australe de l'ouest à l'est ;
- la reconnaissance en 1857 du lac Tanganyika par Burton et Speke ;
- Speke et Grant atteignent en 1863 les sources du Nil ;
- La reconnaissance du lac Albert (lac Mobutu) par Backer
- Livingstone reconnaît de 1867 à 1871 les lacs Moero et Bangwelo ainsi que la partie méridionale du lac Tanganyika et atteint le cours du fleuve Congo à Nyangwe ;
- La reconnaissance de 1869 à 1871 de l'Uele par Schweinfurth ;
- Le journaliste et voyageur STANLEY retrouve le 27 octobre 1871 à Ujiji sur la rive

1 WAUTERS A.-J., BUYL A., *Bibliographie du Congo 1880-1895*, Bruxelles, Administration du Mouvement Géographique, 1895, p. 5

du lac Tanganyika en Tanzanie, le missionnaire et voyageur écossais David Livingstone dont les écrits avaient révélé au monde européen les activités des arabo-swahili, au cœur de l'Afrique centrale ;

- Cameron effectue de 1873 à 1875 le premier voyage transafricain à partir de l'Est, en empruntant partiellement le bassin du fleuve Congo.
- Il y a lieu d'ajouter de 1874 à 1877 l'expédition de Stanley à travers l'Afrique centrale par le fleuve Congo. Cette expédition fit connaître au monde européen les richesses du fleuve Congo et surtout leva la confusion entre le Lualaba et les sources du Nil.

On relèvera encore dans le domaine de la géographie des sujets comme les orthographes des noms géographiques, la production des cartes sur l'Afrique, l'Afrique centrale, le Bassin du Congo et l'EIC. L'ensemble de la production de ces sujets représente 421 notices, soit 11,07 %. Les cartes ont joué un rôle important dans l'exploration et la découverte de l'Afrique en général et du Congo en particulier.

En ce qui concerne l'Afrique centrale particulièrement, « la meilleure carte à consulter ; pour se rendre compte de l'état des connaissances dans l'Afrique centrale au moment de la réunion de la Conférence géographique de Bruxelles, est celle rédigée par le Dr Petermann's pour les Mitteilungen de Justus Perthes (1876). Au volume renfermant les protocoles et l'Acte général de la Conférence de Berlin est annexée une carte de Friedrichsen »[1].

---

1 WAUTERS A.-J., *op.cit.*, p. 261

D'autres cartes sont consacrées aux « itinéraires de onze expéditions qui, d'un côté à l'autre, ont traversé l'Afrique par le bassin du Congo : Livingstone (1854-56), Cameron (1873-75), Stanley (1874-77 et 1887-89), Wissman (1881-82 et 1886-87), Capello et Ivens (1884-85), Glerup (1883-86), Lenz (1885-87), Trivier (1888-89), Von Götzen (1893-94). Les cartes de Stanley, de Capello - Ivens et de Cameron (dressée par Turner) sont particulièrement riches en renseignements. Les huit éditions de la carte au 10,000,000e de WAUTERS (1884-87) sont curieuses à comparer au point de vue des modifications successivement apportées par l'exploration et le partage de l'Afrique centrale »[1].

Quant au Bassin et à l'EIC, « les deux cartes de Stanley de 1878 et de 1888, publiées, la première après la découverte du Congo, la seconde après la fondation de l'Etat Indépendant, sont intéressantes à comparer. Les cartes physiques du bassin du fleuve sont encore très peu nombreuses, à citer celles de Vierkandt, au point de vue de la population, et celle de Wauters, au point de vue orographique et hydrographique.

Quant aux cartes politiques de l'Etat Indépendant du Congo, elles sont au nombre de trois et ont été publiées dans l'ordre suivant : Wauters (1887), Lebègue et Cie (1893) et Chapaux (1894). Les treize éditions de la carte au 6,600,000e de Wauters (1887-1891) et les trois éditions de la carte au 10,000,000e du même (1894) constituent une collection curieuse tant au point de vue de la découverte graduelle que de la délimitation du territoire. La troisième édition de la carte de Lebègue et Cie est annexée à l'exposé des motifs du projet de loi de cession du Congo à la Belgique »[2].

---

1 *Ibid.*
2 WAUTERS A.-J., *op.cit.*, p. 265

On retiendra aussi « l'orographie, l'altimétrie et l'hydrologie » qui représente également un secteur non négligeable de la géographie avec 146 notices, soit 3,38%. Cette production éditoriale était axée principalement sur l'orographie du bassin du Congo, la chaîne côtière des Monts Cristals, la chaîne les Mitumba, les observations d'altitude, la description du cours et du régime des eaux du bas-fleuve, les détails sur le fleuve dans la région des chutes, la question de l'issue du lac Tanganyika rattaché au bassin du Congo, la connexion de l'Uélé, la question de la mer intérieure du bassin du Congo et la ramure hydrographique générale du fleuve.

La géologie et la minéralogie constituent un autre sujet qui représente un pourcentage faible à cette époque car il n'y avait que de très rares districts du territoire du Congo qui aient été explorés au point de vue géologique[1]. Toutefois, on note quelques productions concernant ce sujet à propos de la région du Bas-Congo jusqu'au Stanley-Pool, de la province du Katanga, des confins orientaux du bassin, des fossiles de la région côtière, des gisements de fer et du cuivre de la province sud-est du Congo, des mines de cuivre de Boko-Songo (bassin du Niari)[2]. De l'avis de Wauters, il n'y aurait pas eu pendant cette période des travaux de minéralogie proprement dite bien qu'il mentionne quelques travaux pétrographiques de Lassaulx, Gierich, Küch, Schuster, Kleureut[3].

L'Agriculture occupe la deuxième place comme discipline dans la bibliographie de Wauters avec 633 notices, soit 16,66 %. Elle englobe la flore avec 92 notices, soit 2,42%, la faune avec 30 notices, soit 0,78%, les mammifères avec 32 notices, soit 0,84 % ; les oiseaux avec 50 notices, soit 1,31 %, les reptiles et batraciens avec 31 notices, soit 0,81% ; les mollusques avec 63 notices,

1 *Ibid.*, p. 91
2 *Ibid.*
3 *Ibid.*, p. 92

soit 1,65%, les articulés avec 320 notices, soit 8,42% et les zoophytes avec 2 notices, soit 0,05%.

Cet intérêt s'explique par le fait que les explorateurs du bassin du Congo se sont intéressés à la flore congolaise. Car le Congo offre une variété de plantes que les botanistes ont essayé de recenser. A titre indicatif, on peut signaler quelques plantes caractéristiques de la flore du Congo : les palmiers, le baobab, le cocotier, les laines à caoutchouc, le manioc, l'arachide, les ignames, les patates, le sorgho, l'eleusine, le millet, l'ananas, les fougères, le caféier, le tabac, le kolatier, le papayer, la canne à sucre, la vigne, etc. La flore congolaise a donc constitué un secteur important de revenu à l'époque coloniale.

La faune, elle constitue un autre sujet auquel on accorde une production éditoriale générale ou sectorielle. Si l'on note l'inexistence de travail d'ensemble sur la faune du Congo, il existe cependant une production éditoriale relative à des genres, à des espèces ou à des spécimens rapportés par les explorateurs[1]. D'où l'existence des travaux sur les mammifères, les oiseaux, les reptiles et les batraciens, les poissons, les mollusques, les articulés et les zoophytes.

L'Economie est la troisième discipline importante de la bibliographie de Wauters avec 381 notices, soit 10,03% reparties de la manière suivante : les généralités 4 notices, soit 0,10 ; navigation maritime 16 notices, soit 0,42% ; Transport à dos d'homme 12 notices, soit 0,31 % ; chemin de fer 95 notices, soit 2,50 % ; navigation fluviale 8 notices, soit 0,21 % ; domestication de l'éléphant 16 notices, soit 0,42 % et les divers 5 notices, soit 0,13%. Les moyens de transport et de communication sont un secteur important de l'économie. Ceci justifie toute l'importance accordée à leur développement pour mieux explorer et exploiter le Congo. Les mêmes raisons

1 WAUTERS A.-J., *op.cit.*, p. 119

justifient l'existence des études sur la navigation maritime, le portage à dos d 'homme dans la région des chutes, le chemin de fer, la navigation fluviale et la domestication de l'éléphant. Il est à noter que l'établissement d'une ligne télégraphique au Congo a fait, selon Wauters, l'objet d'études et d'un décret public dans le Bulletin officiel de l'Etat[1].

Mais ce sont surtout les entreprises commerciales et agricoles qui constituaient un autre secteur important de l'économie. D'après Wauters, « pendant plusieurs siècles, le bassin du Congo n'a eu d'autres relations commerciales avec l'Europe que celles concernant le trafic des esclaves. La première factorerie pour l'échange des produits naturels du pays fut établie à Banana, en 1855, par la maison française Regis-Overmann. Plus tard arrivèrent les Hollandais, les Portugais, les Anglais et finalement, en 1881, les Belges [...].

A cette époque, les seuls produits congolais faisant l'objet de trafic étaient l'ivoire, l'arachide, l'huile de palme, un peu de caoutchouc, de copal, de sésame et de bois de teintures. On trouve des détails sur les procédés commerciaux de ce temps dans les livres de deux anciens factoriers de la côte et du bas fleuve : Jaunest et Dennett, et des renseignements sur les produits commerçables dans les ouvrages de Burton, Cameron, Lemaire (Bruxelles et Congo), Merlon (le Congo producteur), [...]. Le commerce de l'ivoire a fait l'objet d'assez nombreuses notices [...][2]. D'après Wauters, on retrouve dans les répertoires du Bulletin officiel de l'Etat des chiffres et des statistiques sur :

1°) « l'exportation des produits naturels du Congo en Europe, avec détails concernant les pays de destination ;

1 *Ibid.*, p. 212
2 *Ibid.*, p. 223-224

2°) l'importation des produits manufacturés d'Europe au Congo, avec détails concernant les pays de provenance. La brochure de Van Wincxtenhoven donne une bonne compilation de ces renseignements officiels, en même temps qu'une énumération complète des produits du Congo et des principales marchandises qui sont envoyées d'Europe »[1].

D'utiles instructions sur la culture du caféier, du cacaotier, du tabac, de la canne à sucre ainsi que pour la récolte du caoutchouc ont été publiées dans le recueil administratif de l'Etat du Congo (Département de l'intérieur)[2]. Sont aussi à signaler, les publications concernant les sociétés commerciales belges et étrangères ayant pour but le commerce avec le Congo[3].

La politique vient en quatrième position comme discipline avec 378 notices, soit 9,95 % réparties sur les sujets suivants : le Congo à la Chambre des Représentants avec 49 notices, soit 1,28% ; le Congo au Sénat avec 22 notices, soit 0,57% ; le projet d'annexion à la Belgique avec 63 notices, soit 1,65 % ; la question arabe avec 43 notices, soit 1,13 %, la colonisation avec 89 notices, soit 2,34 %, l'organisation et l'administration avec 92 notices, soit 2,42 %. La production éditoriale relative à la genèse de l'EIC jusqu'à la cession du Congo est moins fournie sans doute à cause de la place prépondérante occupée par la politique. Cette production tourne autour des questions suivantes :

1°) le début des entreprises africaines belges,

2°) la Conférence géographique de Bruxelles convoquée par le roi Léopold II,

---

1 *Ibid.*, p. 224

2 *Ibid.*, p. 225

3 WAUTERS A.-J., *op. cit.*, p. 224

3°) les délibérations de cette assemblée de voyageurs, de géographes et de philanthropes,

4°) la création de l'Association internationale qui organisa cinq expédition sur le lac Tanganyika via Zanzibar,

5°) l'œuvre du « Comité d'Etudes du Haut-Congo »,

6°) le droit de préférence accordé en 1884 à la France par l'Association internationale du Congo,

7°) le différend avec le Portugal,

8°) les discussions de la Conférence de Berlin (1884-1885),

9°) les diverses conventions de reconnaissance de l'Association internationale du Congo par les puissances,

10°) la fondation en l'EIC,

11°) les conventions successives signées avec les puissances en vue de la délimitation de l'Etat,

12°) la question du Congo devant la Chambre et le Sénat belges,

13°) le projet de cession du Congo à la Belgique (1895), etc.

La question arabe a suscité la publication de quelques documents relatifs à la présence d'arabes trafiquants d'ivoire et d'esclaves dans les territoires orientaux du Congo. L'occupation arabe au Congo avait duré environ vingt-cinq ans[1]. La colonisation a elle aussi donné lieu à diverses publications relatives à l'étude de la question de la colonisation de l'Afrique centrale et des chances d'avenir des Européens dans les pays tropicaux[2]. L'organisation administrative de l'EIC a, quant à elle, suscité la publication *du Bulletin Officiel* et du *Recueil administratif*. Le premier « renferme la suite des décrets et arrêtés relatifs à l'organisation et à l'administration des

1 *Ibid.*, p. 197-198
2 *Ibid.*, p. 241

différents services de l'Etat[1] » et le second « contient les instructions générales et les règlements auxquels doivent se conformer les agents des divers services de l'Etat en Afrique »[2]. On note dans ce secteur d'organisation et d'administration une production relative à l'organisation judiciaire de l'Etat et aux règles pour l'orthographe des noms géographiques. Enfin, l'anthropologie et l'ethnologie viennent en cinquième position. Ce sont des publications sur l'évaluation de la population de l'Etat, des instruments en pierre taillée, l'existence de l'âge de la pierre en Afrique, les tribus du bassin du Congo, les mœurs et coutumes des tribus du bassin du Congo et des races africaines.

A la lumière de toutes ces données que l'on retrouve du reste dans les travaux de Gabriel KAYSER et de A.-J. WAUTERS, la géographie s'impose comme la discipline pionnière scientifique et populaire[3]. La création du Mouvement Géographique est un cas éloquent. « La géographie embrasse selon Wauters « toutes les branches de l'activité humaine (...) une science qui, entendue dans le sens le plus élevé du mot, diffère essentiellement de cette nomenclature sèche et mesquine à laquelle on se bornait jadis dans nos écoles ».

Ce n'est pas tout le marché académique que recherche Wauters, mais le grand public cultivé [...]. La géographie dont il est question ici est une science active qui doit quitter le confort des bibliothèques et des laboratoires ; elle doit progresser d'abord dans les déserts et les forêts. Les explorateurs, les responsables (souvent militaires) des missions congolaises doivent en être les premiers artisans »[4]. Comme on peut s'en rendre compte, Wauters rallie Kayser pour étendre cette discipline à toutes les

1 *Ibid.*, p. 249
2 *Ibid.*
3 PONCELET Marc, *op.cit.*, p. 81
4 *Ibid.*

branches de l'activité humaine. Mais Wauters va plus loin en la rendant populaire et surtout en la mettant au service de l'œuvre coloniale. On trouve une bonne illustration de l'extension de la géographie à tous les aspects de la société dans l'ouvrage de A. Michiels et N. Laude[1] intitulé *Notre colonie : Géographie et notice historique* où les auteurs distinguent la géographie physique, la géographie ethnographique, la géographie économique et la géographie politique et administrative.

La géographie physique s'intéresse à la superficie, à la géologie, à l'orographie, au climat et à la température, à l'hydrographie, aux richesses naturelles (Règne minéral, règne végétal, règne animal). Par contre, la géographie ethnographique a pour champ les races, les mœurs et coutumes (Facultés intellectuelles des noirs ; les langues indigènes, l'art indigène, les croyances religieuses, l'organisation familiale, l'organisation sociale, l'organisation politique et l'organisation matérielle) et la politique indigène.

La géographie économique s'occupe de la cueillette, de la culture, de l'élevage, des industries agricoles, des mines, des industries et commerces (exploitations et concessions minières, entreprises de crédit immobilier), des voies de communication (Transports, voies de communications intérieures) et des importations et exportations. Enfin, la géographie politique et administrative a dans son secteur le gouvernement et l'organisation administrative, la justice, la force publique, les cultes et les missions religieuses, l'enseignement, le service médical, les œuvres sociales, les institutions de propagande coloniale et enseignement colonial en Belgique et les finances.

---

1 MICHIELS A. et LAUDE N., *Notre colonie : géographie et notice historique,* 11é éd., Bruxelles, Edition Universelle, 1936, 360 p.

Cet ouvrage montre qu'à cette époque la géographie était la discipline principale dans la mesure où elle s'intéressait à tous les aspects de la vie humaine et de la société.

Conclusion

En entreprenant d'étudier l'œuvre bibliographique coloniale belge au Congo dans la perspective de la sociologie de la bibliographie en se limitant aux bibliographies de G. Kayser et de A.-J. Wauters, notre préoccupation est de savoir comment les bibliographies traduisaient l'idéologie du pouvoir de l'époque.

Les bibliographes coloniaux ont été soumis aux structures de la politique coloniale. Il était d'ailleurs tout à fait normal qu'ils créent des modèles bibliologiques répondant aux intérêts de la colonisation. Ainsi deux constats peuvent être faits à propos de ces faits historiques très significatifs : d'une part, les structures socio-politiques dominantes sont créatrices de modèles bibliologiques, d'autre part, l'organisation des bibliothèques se fonde, elle-même, sur l'application de l'idéologie dominante, nonobstant son action de diffusion culturelle[1].

Nos analyses sur les modèles bibliologiques se rallient à celles de Eddie TAMBWE qui soutient que « l'analyse du système de l'écrit sous le régime colonial dégage deux âges bibliologiques, tributaires, tous les deux des conjonctures politiques et économiques. Le premier âge (1885-1940) est celui de la dualité bibliologique : enseignement rudimentaire pour les Noirs ; absence du

---

1 MANUANA Jean-Pierre, La bibliologie au Zaïre : état de la question et perspectives d'avenir. In :*Bibliologie, communication et culture :* actes du 9ème colloque International de Bibliologie, Tunis, 21-24 mars 1990, Institut de Presse et des Sciences de l'Information, 1993, p. 160

cadre législatif de l'écrit, pour mieux réprimer les éléments anticonformistes ; absence d'activités autour du livre, existence d'une presse d'évangélisation pour Noirs, et d'une presse, classique, pour les colons, les Blancs ; bibliothèques uniquement réservées aux colons.

Le second âge bibliologique (1940-1960) du régime colonial du Congo belge est celui du modèle nationaliste. Il consacre la mutation politique qui voit l'élite noire, historiquement mise en place par le pouvoir colonial et donc conformiste, développer enfin une démarche oppositionnelle. C'est l'apparition d'une nouvelle configuration bibliologiue : normalisation de l'enseignement par la généralisation du secondaire et par l'institution de l'enseignement supérieur et universitaire ; mise en place du cadre législatif de l'écrit ; naissance du livre ; recul des journaux missionnaires et coloniaux, montée d'une presse contestataire et indépendantiste, accès des bibliothèques à l'élite autochtones. Tous ces changements vont entraîner la chute (juin 1960) du régime colonial du Congo belge, et consacrer l'avènement de l'Etat connu sous le nom de la *République Démocratique du Congo* ».[1]

Pour toutes ces raisons, les classifications issues des bibliographies sous examen devront être étudiées en rapport avec l'évolution des sociétés qui leur ont donné naissance[2]. Car elles « constituent un phénomène de superstructure intellectuelle »[3] dans la mesure où elles participent à sa diffusion, par l'expression de la théorie dominante de la connaissance à l'intérieur d'un cadre

1 TAMBWE Kitenge, La théorie de la bibliologie politique et son application en Afrique noire. In : *Schéma et Schématisation,* n° 53, 2000, p. 61

2 ESTIVALS Robert, *La bibliologie,* Paris, PUF, p. 9

3 *Ibid.*

social donné[1]. Cela est non seulement utile à la compréhension de leur structure et de leur évolution mais « est indispensable à la bibliométrie dans la mesure où cette dernière repose, en ce qui concerne la statistique du livre, d'abord et essentiellement sur la bibliographie. Expliquer la bibliographie, c'est préciser les possibilités de son utilisation statistique[2].

C'est cette théorie moderniste et politique de la bibliologie que nous venons d'appliquer à l'étude des bibliographies coloniales belges en se limitant aux bibliographies de Kayset et Wauters qui nous permet de dire en définitive que « les bibliographies traduisent en dernière analyse une certaine conception du monde par les Européens, conception teintée de la doctrine colonialiste qui prône le développement des colonies en tant que sources de richesse et de puissance pour la nation qui les possède »[3].

Dans cette entreprise, c'est en fin de compte le rôle non négligeable du bibliographe dans la diffusion de l'idéologie dominante dans le milieu culturel, intellectuel et scientifique [4]qui est mis en exergue. Ainsi, nous nous rallions à la thèse de R. ESTIVALS qui soutient que le bibliographe « constitue, développe, entretient les schémas collectifs, les catégories idéologiques dominantes »[5]. En définitive, les résultats cette analyse

---

1 ESTIVALS Robert, *La bibliologie. Tome 1 : La bibliométrie,* Paris, Société de Bibliologie et de Schématisation, 1978, p. 57

2 *Ibid.*, p. 58

3 RANIVO Martin, La vision du monde, de l'Afrique et de Madagascar à travers les classifications adoptées dans quelques répertoires bibliographiques européens des XVIIIème et XIXème siècles. In : *Bibliologie, communication et culture :* actes du 9ème colloque International de Bibliologie, Tunis, 21-24 mars 1990, Institut de Presse et des Sciences de l'Information, 1993, p. 101

4 *Ibid.*, p. 102

5 ESTIVALS Robert, *La bibliologie. Tome 1 : La bibliométrie,* Paris, Société de Bibliologie et de Schématisation, 1978, p. 55

révèlent l'existence de la bibliologie politique qui renvoie à son tour à la bibliologie sociologique culturelle, la nôtre, facteur de développement des nations dans la mesure où l'écrit a contribué effectivement au développement social, politique, économique et culturel du Congo à l'époque coloniale.

Cette étude confirme l'analyse sociologique et historique de R. ESTIVALS dans son ouvrage *Le livre dans le monde*. Elle nous « montre qu'il n'existe pas de formes d'organisation bibliographiques en soi mais que ce sont les structures économiques, idéologiques, politiques qui conditionnent l'apparition et le développement des formes communicationnelles que l'on observe »[1]. Ainsi, « l'évolution de la connaissance et l'idéologie rend compte des variations des classifications »[2] issues des répertoires étudiés.

---

1 ESTIVALS Robert, *Le livre dans le monde 1971-1981 : introduction à la bibliologie internationale*, Paris, Retz, 1983, p. 24

2 ESTIVALS Robert, *La bibliologie. Tome 1 : La bibliométrie*, Paris, Société de Bibliologie et de Schématisation, 1978 , p. 57

Partie IV :

Le modèle bibliologique colonial français dans l'Afrique Océanique.

Cas de Madagascar.

L'évolution des répertoires bibliographiques malgaches pendant la période coloniale[1]

Martin Ranivo

L'évolution spécifique des répertoires bibliographiques malgaches n'est certainement pas sans relation avec les différentes phases sociopolitiques et économiques, et il ne serait pas sans intérêt d'étudier spécialement l'évolution des classifications et la place des publications nationales dans ces répertoires. Nous avons distingué cinq phases de l'évolution des répertoires bibliographiques de Madagascar correspondant aux différentes phases sociopolitiques et économiques de la période et qui sont :

a) Première phase (1895-1905) : GALLIENI et la période des bilans de l'époque précoloniale ;

b) Deuxième phase (1906-1925) : Les difficultés de succession, la guerre et le premier vide bibliographique ;

c) Troisième phase (1926-1939) : Des répertoires bibliographiques, appuis à l'exploitation à outrance du pays ;

d) Quatrième phase (1940-1948) : La guerre, l'insurrection et le deuxième vide bibliographique ;

e) Cinquième phase (1949-1960) : La préparation à la pérennisation du système colonial.

---

[1] Texte extrait de la thèse présentée devant l'Université Michel de Montaigne Bordeaux 3 en vue de l'obtention du doctorat (nouveau régime) en sciences de l'information et de la communication.-1990, 1055p, sur le « *Société, Culture et Bibliographie nationale à Madagascar.*

Première phase (1895-1905) : GALLIENI et la période des bilans de l'époque coloniale

Le Général GALLIÉNI s'attache en tout premier lieu à faire le bilan de ce qui a été réalisé auparavant. C'est sur son ordre que furent élaborées les bibliographies de Madagascar. C'est ainsi que naquit la Bibliographie de Madagascar de G. JULIEN, annexée au numéro de septembre 1899 de Notes, reconnaissances et explorations. Le choix de ce périodique nous semble significatif puisqu'il devait remplacer l'Antananarivo Annual des missionnaires britanniques, dans lequel paraissaient régulièrement des listes bibliographiques. Mais G. JULIEN avait une conception très étriquée de la bibliographie de Madagascar puisqu'il s'est limité aux seuls ouvrages en langue française, anglaise et allemande qui ont pour objet de traiter de la grande Ile. Faut-il préciser que G. JULIEN était un administrateur adjoint de première classe ? Par ailleurs, il semblait n'avoir aucune disposition ni pour la recherche scientifique et les sciences en général, ni pour la documentation.

Trois années plus tard, en 1902, toujours à la demande du Gouverneur général, demande adressée à J. SIBREE, auteur d'une bibliographie de Madagascar parue en 1885 et dont la deuxième partie était une liste des publications en langue malgache, faisant ainsi office de bibliographie nationale rétrospective, est parue dans le Journal officiel de Madagascar et dépendances des 8 et 11 octobre 1902 une liste des publications produites par les presses locales.

En principe, il ne s'agirait que d'une mise à jour de cette deuxième partie de la bibliographie de J. SIBREE. Mise à jour par J. SIBREE lui-même, certainement et l'introduction le précise. En fait, on devrait plutôt parler d'une nouvelle édition revue et corrigée. En effet, on se demande s'il s'agit toujours de la même œuvre juste complétée par le même auteur, car tout porte à croire qu'une autre personne que J. SIBREE a apporté une touche finale. Nous avons ainsi constaté que certaines références d'ouvrages qui se trouvaient dans la bibliographie de 1885 ont été supprimées, en particulier des rééditions, or celles-ci concernent notamment des publications par les missions protestantes, en majorité britannique.

Nous en avons dénombré 25. Par contre, la liste des textes édités par les missions catholiques, françaises par surcroît, a été augmentée. Ainsi, jusqu'en 1885, nous en avons compté 45 en plus qui ne se trouvaient pas dans la bibliographie de J. SIBREE. Nous présentons d'ailleurs dans le tableau n°34, année par année, le nombre de notices d'ouvrages enregistrées en plus dans la liste de 1902 par rapport à celle de 1885.

Années d'édition	Nombre de références
1866	1
1867	2
1868	5
1869	2
1870	1
1871	1
1872	2
1873	5
1874	6
1875	2

Années d'édition	Nombre de références
1876	1
1877	6
1878	2
1879	2
1880	1
1881	4
1882	2
1883	0
1884	0
1885	0

Signalons que de 1883 à 1885 l'Imprimerie catholique a été fermée en raison du conflit franco-malgache, ce qui explique qu'il n'y eut aucun ajout pendant ces trois années. Mais pour en revenir au responsable véritable de cette bibliographie qui ne pouvait être en aucune façon J. SIBREE, même s'il est précisé dans son introduction qu'il en est l'auteur, nous pensons que le maître d'œuvre effectif en est DARUTY DE GRANDPRE, celui même qui a écrit la dite introduction. En effet, il a été chargé par le Gouverneur général de faire le bilan bibliologique malgache. C'est ainsi qu'il a écrit auparavant deux articles sur le sujet, le premier dans le numéro du 2 août 1902 du Journal officiel de Madagascar et dépendances et le second dans celui du 7 septembre 1902 de La Dépêche de Majunga, intitulé tous les deux La Presse et l'imprimerie à Madagascar. Plus tard, il publiera un autre article sur L'Imprimerie aux Mascareignes et à Madagascar dans le numéro du 15 octobre 1902 du même journal officiel. Aussi, il nous paraît évident que cette liste bibliographique soit le complément de ses études bibliologiques. Il ne pouvait signer celle-ci de son nom simplement par honnêteté intellectuelle puisqu'il ne s'agit, en principe, que de la mise à jour de la bibliographie de J. SIBREE.

En conséquence, il apparaît en dernière analyse que les deux bibliographies, celle de 1885 et celle de 1902, sont très différentes l'une de l'autre, même si au premier abord, la seconde n'était qu'une mise à jour de la première, et révèlent chacune la profession de foi de leurs véritables auteurs : la première se devait de servir la propagande de Grande-Bretagne, la seconde celle de France. Nous constatons ainsi comment une même bibliographie, remaniée quelques années plus tard sous la responsabilité d'une autre personne, peut avoir des visées différentes.

Si cette bibliographie a bien rempli sa fonction idéologique et politique, aux yeux des intellectuels européens de l'époque, elle était loin d'avoir assuré sa fonction scientifique, parce qu'elle leur semblait trop restrictive et ne répondait pas à leurs besoins immédiats d'autant plus qu'elle restait en fin de compte très ambiguë quant à son contenu réel. Pour eux, cette bibliographie manquait de dimension, comme celle de G. JULIEN, mais celle-là, il est vrai, était trop sélective d'autant plus qu'elle avait exclu toute publication en langue malgache. Une autre bibliographie d'une autre dimension va leur emboîter le pas : la Bibliographie de Madagascar de G. GRANDIDIER en deux volumes édités en 1905-1906 à Paris par le Comité de Madagascar. Nous étudierons beaucoup plus en détails cette bibliographie, mais, pour le moment, rappelons que ce tome premier a recensé tous les documents intéressant Madagascar de quelque façon, même les archives et les manuscrits, en particulier les manuscrits arabico-malgache.

Ce qui nous semble intéressant à retenir c'est qu'aucune bibliographie de Madagascar n'a jusque là rassemblé autant de références de documents. Ce tome premier en comporte à lui seul 6117 numéros pour une période allant des origines à 1903. Ce chiffre, d'ailleurs, ne reflète pas exactement le nombre réel des notices puisque G. GRANDIDIER, dans ce tome premier, en a rassemblé un certain nombre sous un seul numéro, en particulier les articles anonymes d'un même périodique, les collections manuscrites d'une même bibliothèque...

On pourrait rétorquer que cette bibliographie a bénéficié de l'existence de ses nombreux prédécesseurs. Certes, et G. GRANDIDIER ne s'en cache pas, mais en réalité ce qu'il a pioché dans les autres bibliographies reste minimes par rapport aux références de documents que lui-même a apportées. D'ailleurs, il renvoie le lecteur à ces autres répertoires, notamment à celui de J. SIBREE parue en 1885[1]. En réalité, cette bibliographie de G. GRANDIDIER était déjà en cours d'élaboration avant même l'arrivée du général GALLIENI, grâce à son père,

[1] La mise à jour de cette bibliographie parue en 1902 dans le Journal officiel de Madagascar et dépendances était passée en fin de compte inaperçue. D'ailleurs, elle n'est citée par aucun répertoire, à notre connaissance.

Alfred GRANDIDIER. Nous en reparlerons lorsque nous étudierons ces deux personnalités que furent les GRANDIDIER, père et fils, et qui ont œuvré à Madagascar pendant près d'un siècle. Cependant, c'est sur la demande du général GALLIÉNI qu'elle fut achevée et publiée. Par ailleurs, c'est pendant cette première phase qu'apparurent les premières biobibliographies des personnalités malgachisantes. On ne s'étonnera pas s'il s'agit de celles de GRANDIDIER : d'abord celle d'A. GRANDIDIER, le père, par A. GRAVIER en 1897[1], puis celle de G. GRANDIDIER, le fils, par lui-même en 1905, c'est-à-dire en même temps que paraît le premier tome de sa Bibliographie de Madagascar et en même temps qu'il soutient sa thèse de doctorat, alors qu'il avait à peine 32 ans. Il est vrai que dès son jeune âge, il a travaillé avec son père, toujours sur des questions malgaches.

On peut considérer ces deux biobibliographies comme le premier bilan de l'œuvre faite par une dynastie de premiers malgachisants. Dans le même ordre d'idée, on peut y rattacher le catalogue de leur bibliothèque parue en 1901. Bref, on peut dire que les GRANDIDIER sont au sommet de leur renommée (c'est une période où le père et le fils travaillent vraiment côte à côte) car ils personnifient le processus de colonisation française à Madagascar : sa préparation (A. GRANDIDIER était à Madagascar dès 1865), sa mise en place et sa consolidation.

Par ailleurs, ces premières années de la consolidation virent l'ouverture de la plus grande bibliothèque de Madagascar, celle de la Bibliothèque des éditeurs parisiens qui prendra quelques années plus tard le nom de la Bibliothèque du Gouvernement général et qui deviendra lors de l'Indépendance la Bibliothèque

[1] En réalité, une première biobibliographie de A. GRANDIDIER par lui-même est parue en 1884, éditée à Paris par Gauthiers-Villars.

nationale. Elle fut très vite dotée d'un grand nombre d'ouvrages et e documents nécessaires aux besoins des agents coloniaux, ce qui nécessita dès 1901 l'élaboration de son premier catalogue. En outre, sur le plan international, cette première phase correspond à un premier bilan des connaissances sur le monde entier, avec notamment l'apparition de la première bibliographie spécialisée courante en géographie, d'abord annexée aux Annales de géographie.

En résumé, pendant cette première phase, les autorités coloniales sous la direction du général GALLIÉNI se sont attachées à dresser le bilan exact da la production littéraire coloniale malgache et ce, sous deux aspects : l'inventaire des publications traitant du pays, et de celles produites par les imprimeries locales. G. GRANDIDIER en a fait la synthèse.

Deuxième phase (1906-1923) : le premier vide bibliographique

Nous avons choisi cette limite 1906-1923, d'une part, parce qu'elle débute avec le départ du général GALLIÉNI et surtout, d'autre part, parce qu'elle coïncide avec une phase de baisse de la production typographique locale. Ce vide bibliographique a pour raison d'abord les difficultés de succession de ce grand homme que fut le général GALLIÉNI et son remplacement par des personnalités qui manquaient de vues politiques, sociologiques et scientifiques, et qui, de ce fait, ne voyaient pas tellement l'utilité de dépenser les deniers de l'État français à poursuivre certains travaux comme l'élaboration des répertoires bibliographiques.

Et pourtant, cette phase semblait bien débuter par la parution régulière d'une bibliographie de Madagascar dans le périodique mensuel Revue de Madagascar, Bulletin du Comité de Madagascar de 1906 à 1907. Mais on sentait à travers ces listes mensuelles le manque d'enthousiasme et de conviction, celles-ci s'amenuisant au cours des mois pour terminer vers le milieu de l'année 1907 par la présentation d'un ou deux ouvrages sous le titre de « Bibliographie », rubrique d'ailleurs qui ne paraîtra dans les numéros ultérieurs que très occasionnellement. Mais ce vide bibliographique a aussi pour autre raison, du moins à partir de 1914, la première guerre mondiale et toutes les séquelles y afférentes.

Troisième phase (1924-1939) : Des répertoires bibliographiques spécialisés servant d'appui à l'exploitation à outrance du pays

Sur le plan bibliographique, cette phase se caractérise par l'apparition des premières bibliographies spécialisées consacrées à des domaines particuliers et se limitant au territoire de Madagascar. Nous retrouvons des disciplines classiques comme la géographie avec la bibliologie de A. DANDOUAU puis celle d'E. PLATT parue à New York en 1937, ou en histoire avec la bibliographie de C. MONDAIN en 1930. Mais les plus significatives sont, à notre avis, celles relatives aux richesses naturelles du pays : en zoologie, avec les bibliographies de H. POISSON en 1936 et surtout en zoologie avec la Bibliographie zoologique de Madagascar, bibliographie courante publiée à partir de 1933. Comme nous l'avions précisé, cette bibliographie a eu non seulement une vie très longue puisqu'elle survécut jusqu'en 1970, mais aussi de très nombreux rédacteurs spécialistes. En effet, son domaine même correspondait à un besoin impérieux du pouvoir colonial : l'exploitation du sous-sol malgache, l'une des plus grandes richesses naturelles du pays.

Mais la colonisation se veut aussi d'apporter le développement social, d'où certaines bibliographies comme celle élaborée par la Direction de l'assistance médicale indigène sur les problèmes de santé locaux en 1935 ou celle rédigée par E. JAEGLE sur les questions d'urbanisme, d'hygiène et d'aménagement en 1927. Cependant, l'apparition des bibliographies très spécialisées consacrées exclusivement à Madagascar n'a pas empêché l'élaboration des traditionnelles bibliographies de Madagascar. Ainsi, G. GRANDIDIER, devant le succès du premier tome de sa bibliographie, va récidiver en publiant en 1935 le supplément qui couvrira la période 1904-1933. Ce second tome va d'ailleurs devenir le premier volume d'une collection intitulée « Bibliographie générale des colonies françaises » qui sera dirigée par A. GRANDIDIER lui même et E. JOUGLA, auteur d'une bibliographie de l'Afrique Occidentale Française, et qui sera éditée sous le haut patronage du Ministère des colonies et des administrations locales.

Cette partie gardera le même schéma que la précédente et comprendra 8 856 numéros (de 6 118 à 14 973). Auparavant, E. JAEGLE a d'abord fait paraître une liste sélective de documents intéressant Madagascar à des titres divers en 1926, puis essayé de prendre la relève du tome premier de la bibliographie de G. GRANDIDIER en élaborant une Contribution à un essai de bibliographie. Madagascar et dépendances (1905-1927) en 1927. Cependant, malgré ces nombreux suppléments, l'œuvre de E. JAEGLE, si intéressante soit-elle (il a rassemblé près de 3 000 notices), ne pouvait en aucune manière concurrencer celle de G. GRANDIDIER, ne serait-ce que parce qu'il a adopté un classement chronologique, classement peu pratique pour retrouver des textes sur un sujet donné, sans index, matière ni auteurs.

Il fallait également mettre à la connaissance des intéressés les moyens d'atteindre ces différentes publications, d'où l'élaboration de quelques catalogues, comme ceux du Service géologique de Madagascar à partir de 1931, celui de la bibliothèque de G. FERRAND en

1938 ; on pourrait peut-être y inclure celui de la Bibliothèque du Congrès à Washington, quoique celui ne parut qu'en 1942. Rappelons que la Bibliothèque du Gouvernement général publiait assez régulièrement, sauf pendant la première guerre mondiale, le catalogue de ses nouveautés.

Soulignons également que, pendant cette phase, exactement en 1937, eut lieu, probablement pour la première fois, une exposition de livres malgaches avec son traditionnel catalogue. En fait, cette manifestation faisait partie de ce lest que devait lâcher le pouvoir colonial devant les mouvements nationaux pour l'indépendance qui ne cessaient de se développer. Il avait ainsi assoupli le régime de censure, porté amnistie des délits de presse et autres délits politiques. Il est vrai aussi qu'en Métropole le Front Populaire arrivait à ce moment-là au pouvoir. Il faut également préciser que le commerce extérieur malgache, notamment l'exportation de ces matières première, connut un grand essor pendant cette phase. Mais la seconde guerre mondiale allait éclater.

Quatrième phase (1940-1948) : Le second vide bibliologique

La raison de ce vide bibliologique est d'abord la seconde guerre mondiale et toutes ses conséquences, puis, après celle-ci, sur le plan local les premiers troubles sérieux qui aboutirent à l'insurrection de 1947 et la répression de celle-ci. Aussi, n'est-il pas étonnant de constater qu'aucun répertoire malgache n'est paru ni en France, ni à Madagascar. Il faut aller aux États Unis pour trouver en 1942 un catalogue des documents malgaches possédés par la Bibliothèque du Congrès. Il est exact que les États Unis étaient encore neutres, à ce moment-là, dans cette guerre mondiale mais qu'ils avaient néanmoins des intérêts à Madagascar.

Par ailleurs, on sait que la guerre tue et n'épargne pas les hommes de sciences. Deux malgachisants, entre autres, en seront victimes, mais des biobibliographies seront élaborées en leur hommage : celle de H. DEHERAIN en 1943 et celle de J. PELLEGRIN en 1944-1945.

Cinquième phase (1949-1960) : la préparation à la pérennisation du système colonial

Cette phase est d'abord celle des bilans, ceux de plusieurs années de colonisation, en particulier des organismes oeuvrant pour une meilleure connaissance de l'Ile, afin de mieux consolider leurs assises dans un pays qui allait bientôt obtenir son indépendance. Ce fut notamment le cas de l'Institut Pasteur d'Antananarivo dont la liste des travaux de 1866 à 1956 a été publiée par A. BRYGOO en 1958, de l'IRSM qui, d'abord sous la direction de R. PERNET, inventoria en 1952 les travaux pédo-agronomiques concernant Madagascar de 1884 à 1946, puis qui fit paraître dans trois numéros de 1955 du Bulletin de Madagascar une bibliographie des écrits scientifiques qu'il publia de 1948 à 1953, et qui plus tard en 1959, conjointement avec l'ORSTOM, édita une bibliographie zoologique de Madagascar ; du Service géologique de Madagascar qui élabora en 1954 le catalogue de ses archives et périodiques dans lequel il mit en exergue ses propres publications.

Enfin, R. DECARY fit en cette fin de la période coloniale le bilan des études historiques sur Madagascar, notamment de son histoire coloniale d'abord dans le tome 34 de 1954, puis dans le tome 43 de 1956 de la Revue d'histoire des colonies. Pour couronner tout cela, G. GRANDIDIER mit une touche finale à sa monumentale bibliographie de Madagascar en publiant en 1957 le tome troisième recensant tous les textes parus entre 1934 et 1955 et regroupant 6 030 numéros (de 14 974 à 20 003).

Cette profusion de répertoire bibliographique était accompagnée, rappelons-le, de très fortes productions typographiques sortant des presses locales. La fièvre créatrice de l'attente d'une indépendance imminente chez les autochtones n'est pas en fin de compte incompatible avec une préparation méticuleuse à la pérennisation du système chez les agents du colonialisme.

Bref, Madagascar se trouva ainsi doté de plusieurs répertoires bibliographiques, riches et variés, couvrant toute la période coloniale et même au-delà, et qui seront utiles à toutes les personnes oeuvrant dans l'Ile à quelque titre que ce soit, assurant ainsi la pérennisation du système colonial français.

Nous avons ainsi vu que l'apparition des répertoires bibliographiques a été fortement liée pendant cette période aux différents facteurs sociaux, politiques et économiques. Nous avons pu alors distinguer cinq phases bibliographiques qui correspondent aux différentes phases socio-politiques et économiques. De ces cinq phases, il y eut, d'une part, trois phases d'essor de la bibliographie qui coïncident à des phases de développement ou de stabilité sur le plan socio-politique et économique et, d'autre part, deux phases de vide bibliographique qui ne sont pas sans relation avec des événements négatifs comme les guerres. Mais si telle a été l'évolution générale des répertoires bibliographiques à Madagascar, leur contenu a-t-il subi également une évolution, en particulier au niveau des classifications adoptées d'abord, et de la prise en considération des publications locales ensuite ?

L'évolution des classifications

On peut se demander dans quelle mesure les classifications adoptées dans ces différents répertoires bibliographiques ont évolué d'abord par rapport à celles des périodes précédentes puis au cours même de ces longues années de colonisation effective.

- *La vision du monde à travers les classifications adoptées dans les répertoires géographiques spéciaux qui englobent le monde entier*

En fait, nous limiterons notre étude à l'examen des classifications utilisées dans la Bibliographie géographique parce que, comme nous venons de le voir, cette bibliographie spécialisée courante née vers la fin du 19e siècle a traversé toute cette période coloniale, au cours de laquelle, cependant, elle a subi certaines modifications en particulier dans le titre, le contenu, les responsabilités scientifiques et commerciales. D'entrée, précisons que les grandes rubriques de cette bibliographie ont très peu évolué pendant cette période. Depuis sa création jusqu'au volume de 1948 édité en 1951, celles-ci ont toujours été les suivantes :

- Partie générale

- Partie régionale

(a) Europe
(b) Asie
(c) Océanie
(d) Afrique
(e) Amérique
(f) Régions polaires

Le monde est toujours subdivisé en cinq continents, plus les régions polaires. Rappelons que ce « sixième continent », absent dans la plupart des bibliographies géographiques des périodes précédentes, a été pour la première fois introduit dans ce genre de classification par J. JACKSON dans sa <u>Liste provisoire des bibliographies</u>

géographiques spéciales parue en 1882. Par contre, comme dans la plupart des classifications géographiques de ces périodes, nous constatons la place privilégiée donnée à l'Europe, en première rubrique de la partie régionale, parce que tout partait de l'Europe pour gagner les autres parties du monde. Elles font intervenir prioritairement l'Europe en la mettant en tête, parce que le monde se construit à partir de l'Europe. La place des autres continents est dans l'ensemble également de l'ancienne tradition : en seconde place l'Asie, au milieu l'Afrique, à la fin l'Amérique. Une exception toutefois : la place donnée à l'Océanie. Nous avons eu l'habitude de voir ce continent toujours dans les toutes dernières rubriques, or dans le cas présent il se trouve coincé à la troisième position entre l'Asie et l'Afrique. Avouons qu'une telle place nous a laissé quelque peu perplexe, mais on peut supposer que les auteurs aient pu considérer ce continent comme la continuation de l'Asie.

A partir du volume de 1949-1950 édité en 1953, cette bibliographie devenue depuis quelques années Bibliographie géographique internationale a adopté quelque peu la classification traditionnelle en replaçant la rubrique « Océanie » vers la fin, exactement après l'Afrique et avant l'Amérique. Néanmoins, on peut dire que cette classification géographique était restée, grosso modo, à l'image de celles des périodes précédentes, du moins au niveau des grandes rubriques.

Par contre, les sous-rubriques ont énormément évolué au cours du temps, d'abord à cause du progrès des connaissances géographiques et plus généralement de la science, ensuite en raison des différents facteurs historiques. Nous n'allons pas étudier toutes les grandes rubriques mais nous nous bornerons à celle relative à la partie générale, à celle concernant l'Europe et à celle traitant de l'Afrique, à trois dates différentes : avant la première guerre mondiale, entre les deux guerres et après la seconde guerre mondiale. Il est évident que quelquefois d'une année à l'autre de légères modifications pouvaient avoir lieu, mais nous n'en tiendrons pas compte.

La partie générale comprenait avant la première guerre mondiale, par exemple dans le volume annuel de 1903 édité en 1904, quatre sous-rubriques réparties comme suit, les subdivisions de celles-ci pouvant être consultées en annexe 5 :

(a) Histoire de la géographie
(b) Géographie mathématique et physique terrestre
(c) Géographie naturelle
(d) Géographie humaine

Dans le volume de 1938 publié en 1939, avant donc la seconde guerre mondiale, on passe à six sous-rubriques, les subdivisions de celles-ci étant données en annexe 5 :

- Histoire de la géographie
- Géographie historique
- Géographie mathématique et cartographie
- Géographie naturelle
- Géographie humaine
- Ouvrages divers

Quant au volume de 1956 publié en 1959, donc après la deuxième guerre mondiale, nous présentons ci-après les principales sous-rubriques, les subdivisions de celles-ci étant présentées en annexe 5 :

A.I.a. Méthode et enseignement de la géographie
A.I.b. Histoire de la géographie
A.I.c. Histoire de la cartographie
A.I.d. Géographie historique

A.II. Géographie mathématique et cartographie

A.III.a. Morphologie et sciences voisines
A.III.b. Météorologie. Climatologie
A.III.c. Hydrologie
A.III.d. Biogéographie

A.IV. Géographie humaine

A.V. Bibliographies. Biographies. Glossaires. Annuaires.

Il ne nous appartient probablement pas de faire des commentaires sur ces différentes étapes de l'évolution de cette rubrique, n'étant pas spécialiste en la matière. Néanmoins, quelques remarques peuvent être émises. Tout d'abord, l'évolution de ces sous-rubriques reflète celle des connaissances géographiques et d'une façon générale celle de la science, tant par la précision des termes avec, par exemple, l'apparition de nouveaux mots ou la disparition, sinon la non-utilisation de certains, que par la hiérarchisation des connaissances.

Après la première guerre mondiale on trouve des concepts comme « géographie naturelle », « colonisation », mais on relève des notions encore plus spécialisées telles que « limologie », « glaciologie », « écologie », etc. Mais ce qui nous semble intéressant c'est l'utilisation progressive, en particulier après la deuxième guerre mondiale, des langages documentaires à structure hiérarchisée et qui peuvent être présentés graphiquement en schéma en arbre. Cette hiérarchisation des choses est valable non seulement pour les connaissances scientifiques mais également pour la conception du monde. Nous ne prendrons que deux exemples : l'Europe et l'Afrique.

Avant la première guerre mondiale, dans le volume de 1885 édité en 1896, l'Europe était présentée en 17 rubriques, outre celle intitulée « généralités », représentant 17 pays et/ou régions. Avant la deuxième guerre mondiale, dans le volume de 1939, quelques modifications peuvent être constatées. D'ailleurs, L. GALLOIS, président de l'Association des géographes français, avait déjà annoncé dans l'avant-propos de certains numéros d'après la première guerre, que les prochaines bibliographies se conformeraient aux nouvelles divisions politiques quant à la classification. Dans ce fascicule de 1939, les sous-rubriques concernant l'Europe sont au nombre de 29, représentant des pays et/ou des régions.

Quelques autres remarques s'imposent. Nous constatons que des pays ou des régions ont disparu de cette classification utilisée dans ce volume de 1939 par rapport à celle de 1895 (par exemple, Alsace-Lorraine), d'autres sont apparus (Bohême-Moravie, Slovaquie, Baltoscandie, Estonie, Latvie, Lituanie...), certains sont l'objet de distinction plus marquée (Suède et Norvège, États des Balkans, par exemple). Ce processus va d'ailleurs s'accentuer avec l'évolution politique du monde après la deuxième guerre mondiale, et nous verrons dans le volume de 1956 un nouveau visage de l'Europe, complètement hiérarchisée et dont la rubrique y afférente est donnée en annexe 5, avec ses principales subdivisions.

Tout d'abord, nous remarquons que, bien que cette bibliographie soit devenue une bibliographie internationale publiée sous les auspices de l'Union géographique internationale et avec le concours de l'UNESCO, elle est restée une production française puisqu'elle est éditée par le CNRS et porte toujours en en-tête le nom de l'Association des géographes français. On ne sera donc pas surpris de constater que la France occupe non seulement la première grande sous-rubrique mais aussi à elle seule une grande subdivision de la classification, consacrée en général à de grandes régions (Europe occidentale, Europe centrale...). D'ailleurs, seule elle a des rubriques secondaires consacrée à ses subdivisions administratives, en l'occurrence à ses provinces. Ensuite, on peut dire que la « régionalisation » de l'Europe ne s'est faite qu'après la deuxième guerre mondiale, alors que, comme nous l'avons vu dans la partie précédente, celle de l'Afrique s'est faite plus tôt, dès le 19e siècle. A ce propos, il est probablement temps de voir comment ce continent a été appréhendé à travers différentes périodes de cette bibliographie géographique. Mais, comme les remarques générales seront dans l'ensemble les mêmes que celles que nous avions émises pour la rubrique « Europe », nous pensons qu'il serait beaucoup plus intéressant d'étudier comment les Européens voyaient Madagascar au sein de l'Afrique à travers les classifications de cette bibliographie et comment cette vision a évolué au cours de la période coloniale.

Avant la première guerre mondiale, ce continent africain était conçu comme un ensemble de dix régions représentées en dix sous-rubriques dont la dernière était Madagascar. Après la première guerre, cette régionalisation de l'Afrique s'est encore accentuée, et après la deuxième guerre, les pays et régions du continent africain seront présentés en une structure hiérarchisée, comme nous pouvons toujours le voir en annexe 5.

On remarquera en tout premier lieu que la place de Madagascar est toujours restée la même, la dernière sous-rubrique, indépendante et jamais incluse dans une quelconque région, contrairement aux classifications des périodes précédentes. Peut-on alors dire que c'est à cette époque qu'apparaît la conception actuelle de cette île qui fait partie du continent africain, tout en étant un monde à part, une sorte de trait d'union entre l'Afrique et l'Orient (Asie, Océanie), sans faire vraiment partie de l'un ou l'autre de ces continents ? Ainsi, la place de Madagascar dans le monde et particulièrement en Afrique est maintenant bien définie.

Par ailleurs, il ne nous semble pas superflu de souligner l'évolution même de l'intitulé de cette sous-rubrique consacrée à Madagascar. Avant la première guerre, elle s'intitulait simplement « Madagascar », mais y étaient incluses des références sur les autres îles de l'Océan indien. Il est vrai que la plupart de celles-ci étaient françaises comme la Réunion ou les Comores, ou l'avaient été comme Maurice. Après la première guerre, cette sous-rubrique prit l'intitulé de « Madagascar et les îles de l'Océan indien », mais les références concernant toutes ces îles étaient mélangées. Après la seconde guerre, sous ce même intitulé, la sous-rubrique était subdivisée en termes spécifiques au nom de chaque île. Quoi qu'il en soit, on notera dans tous les cas la place privilégiée de Madagascar dans cette région : n'en est-elle pas physiquement la plus grande ?

Si telles ont été les conceptions que les Européens avaient de Madagascar, présentement colonie française, à travers les classifications adoptées dans cette bibliographie géographique, comment le voyaient-ils à travers celles utilisées dans les bibliographies de Madagascar ?

- *Madagascar, colonie française, appréhendé à travers les classifications employées dans les bibliographies de Madagascar*

Il est assez surprenant que les bibliographies de Madagascar aient toutes utilisé des classifications non systématiques : celle de G. JULIEN et de E. JAEGLE étaient classées par ordre chronologique des dates d'édition et celle de G. GRANDIDIER par types de documents. Pour eux, le sujet Madagascar se suffisait-il à lui-même et n'avait besoin d'autres spécifications ? G. GRANDIDIER, cependant, dès le tome premier paru en 1905, a certainement reconnu que le classement par types de documents n'était pas pratique pour chercher des informations, d'autant plus que ce sujet Madagascar était maintenant devenu trop large, eu égard au développement des connaissances sur ce pays. Aussi, proposa-t-il un index matières, une véritable classification systématique. E. JAEGLE, dans certains de ses suppléments, comme dans celui paru dans le numéro du 28 janvier 1941 de la Revue de Madagascar, a essayé de présenter des listes classées méthodiquement (cf. annexe 3). Cette classification qui comprend 15 rubriques reflète assez bien, à notre avis, la démarche du colonisateur lorsqu'il va dans un pays conquis. En premier lieu, il s'informe sur les généralités concernant ce pays (classe 1 : généralités) et particulièrement sur le plan physique (classe 2 et 3 : géographie et cartographie, météorologie). Puis tout de suite après, il s'intéresse aux richesses naturelles du pays ; en effet, les trois rubriques suivantes concernent les ressources naturelles (classes 4, 5 et 6 : géologie et mines, zoologie, botanique).

Le nouveau venu de la Métropole se doit de les connaître afin de mieux les exploiter. Ce n'est que dans un troisième temps qu'il va s'occuper de l'homme indigène et ce, afin de mieux l'exploiter : d'abord ses mœurs et coutumes (classe 7 : ethnologie et folklore), sa langue (classe 8 : linguistique) et son histoire (classe 9). Ce n'est qu'en dernier lieu qu'il va se préoccuper des apports éventuels de la colonisation, sur le plan social (classe 10 : développement social, santé, éducation), sur le plan économique (classe 11 : colonisation, agriculture, élevage, forêts ; classe 12 : travaux publics ; et classe 13 : commerce, industrie) et enfin sur le plan culturel (classe 14 : art et littérature ; et classe 15 : périodique). Dans tous les cas, l'implantation des modèles européens s'impose également. La classification utilisée par G. GRANDIDIER reste dans le même esprit, mais celui-ci propose une démarche un peu différente, celle probablement beaucoup plus du scientifique que du colon. Elle comporte un nombre relativement élevé de rubriques puisqu'il y en a 77, mais qui peuvent être regroupées de la manière suivante :

f) Premier groupe (de 1 à 8 : soit 8 rubriques) : généralités et connaissances de la terre malgache (géographie, topographie, cartographie, météorologie, hydrologie, océanographie...) ;

g) Deuxième groupe (de 9 à 14 : soit 6 rubriques) : l'homme malgache, son physique, ses mœurs et coutumes, sa langue, sa littérature traditionnelle ;

h) Troisième groupe (de 15 à 25 : soit 21 rubriques) : l'économie malgache (élevage, agriculture, industrie, commerce, main d'œuvre, infrastructures, monnaies)

i) Quatrième groupe (de 26 à 37 : soit 12 rubriques) : l'histoire de Madagascar (de la nuit des temps à la période coloniale) ;

j) Cinquième groupe (de 38 à 49 : soit 12 rubriques) : les apports culturels de la colonisation (religion, enseignement, information et communication, rechercher scientifique, arts et littérature, loisirs) ;

k) Sixième groupe (de 59 à 77 : soit 22 rubriques) : les ressources naturelles du pays (faune, flore et sous-sol)

Ainsi, G. GRANDIDIER se préoccupe en premier lieu, après les connaissances générales relatives au pays, de l'homme malgache, puis il s'intéresse à ses moyens d'existence, c'est-à-dire à l'économie du pays. Il ne faut pourtant pas y voir une attitude très humaniste. Disons que, pour lui, l'une des premières étapes pour atteindre les objectifs est la connaissance de l'être colonisé. Le quatrième groupe de rubrique (de 26 à 37) relatif à l'histoire de Madagascar sert de transition entre le monde malgache et les apports culturels de la colonisation qui forment le cinquième groupe de rubriques (de 38 à 49). Mais au-delà de ceux-ci, l'objectif de tout ce processus reste la connaissance et l'exploitation des richesses naturelles du pays, sa faune, sa flore et son sous-sol, qui forment le sixième et dernier groupe totalisant à lui seul 22 rubriques, soit plus du quart de l'ensemble. On remarquera également que le second groupe en importance est celui afférent à l'économie du pays (troisième groupe : de 15 à 25) puisqu'il en rassemble 21. Ces deux ensembles de caractère économique concentrent à eux deux 43 rubriques, soit plus de la moitié du total.

C'est dire à quel point G. GRANDIDIER a axé sa classification sur tout ce qui est source de richesse et de profit. G. GRANDIDIER ramène donc tout aux richesses naturelles du pays. La soixante-dix-septième et dernière rubrique est d'ailleurs consacrée à l'une des plus grandes richesses du pays : « Mines : or, pierres précieuses, bitume, pétrole. Exploitations minières, prospections ». En fin de compte, reconnaissons que le scientifique est largement impliqué dans le système d'exploitation du pays et donc dans la mise en pratique de la doctrine colonialiste.

En conclusion

Nous constatons que si l'évolution des classifications en cette période a été fonction de celle des connaissances, elles traduisent en dernière analyse une certaine conception du monde par les Européens, conception teintée de la doctrine colonialiste qui prône le développement des colonies en tant que sources de richesses et de puissance pour la nation qui les possède, en l'occurrence dans les exemples que nous venons de voir, de Madagascar pour la France. Est-ce que cette idéologie colonialiste que nous avons appréhendée à travers l'examen des classifications est-elle aussi perceptible quant à la prise en considération des publications nationales dans les répertoires bibliographiques ?

Postface

Robert ESTIVALS

Le cycle de la science et de l'anti-science, la bibliologie scientifique internationale et la bibliologie coloniale

1. Introduction

Nous essaierons dans les pages qui vont suivre de décrire et d'expliquer l'évolution de la recherche internationale en bibliologie depuis la fin de la deuxième guerre mondiale jusqu'à nos jours. Ce travail sera effectué en trois parties : la première aura pour fonction de déterminer les phases successives de la bibliologie scientifique internationale, la seconde sera consacrée à la bibliologie coloniale, et en troisième lieu la conclusion aura pour but de déterminer la nature et la fonction de l'école bibliologique africaine et le rôle de cet ouvrage.

2. La bibliologie scientifique internationale :

De 1945 à 2010, c'est-à-dire de la deuxième moitié du XXème siècle, la bibliologie est devenue une science pratiquée ,avec nous par plus de 300 personnes dans le monde. Plusieurs phases se sont alors déroulées.

2.1. Première phase : la découverte de la problématique science et antiscience :

En 1945, au lendemain de la libération de la France de la colonisation allemande et au début de la colonisation américaine, nous rencontrâmes Victor ZOLTOWSKI, un

Polonais revenu après-guerre à Paris au quartier latin à l'Hôtel DACIA. Il fut notre premier maître. Zoltowski travaillait depuis l'entre-deux guerres à la recherche de ce que l'on appela plus tard la bibliométrie bibliographique. Il visait à découvrir les cycles de la production intellectuelle. Il nous apprit à faire des dépouillements de bibliographies, des tableaux statistiques, des graphiques, des corrélations entre des séries différentes, donc à expliquer l'Histoire. Zoltowski visait à comprendre et à expliquer le passé. Il nous apprit donc ce qu'était la recherche scientifique.

Par la suite, il nous proposa de pratiquer ses méthodes dans un travail portant sur le problème de la littérature en langues régionales publiées en France. Il nous mit ainsi entre les mains d'un professeur à l'école pratique des Hautes Études à la Sorbonne, Albert DAUZAT qui était en cours de renouvellement de l'ATLAS LINGUISTIQUE DE LA FRANCE qui avait été créé à la fin du XIXème siècle par GILLIÉRON. Dans les années qui suivirent 1945, nous essayâmes successivement d'apprendre le Breton, le Basque, et surtout le Provençal. En plus, nous avons visité ainsi, avec des recommandations, la Bretagne, le Pays Basque, la Provence, et Arles, cher au grand Mistral, etc. Lors des entretiens que nous eûmes à l'époque avec les régionalistes, nous fûmes surpris par leurs plaintes contre la science française ; par exemple, il était interdit à l'époque aux enfants bretons d'apprendre leur langue.

Un jour que nous circulions rue de Richelieu à Paris pour aller à la bibliothèque nationale, nous rencontrâmes Albert DAUZAT. Nous lui expliquâmes nos étonnements. Dauzat, qui était au courant des méthodes scientifiques mais qui était aussi en même temps un nationaliste jacobin, nous répliqua que ces comportements étaient justifiés puisque la France était une et indivisible. Les langues régionales qu'il étudiait devaient donc passer la main exclusivement au Français. Ce fut là, pour nous, la découverte de la contradiction dialectique entre la science et l'antiscience politique.

Cet exemple ne fut pas seul. En 1948, James G. FÉVRIER publia son « Histoire de l'Écriture », un travail fondamental pour la bibliologie puisque l'écriture est la transcription de la pensée et de la langue, donc le fondement sémiologique de la bibliologie. Là aussi, nous primes connaissance directe de cet auteur. Dès les premières pages de cet ouvrage, Février aborde la question de la compréhension des écritures maya et inca d'Amérique latine. Il raconte, en traduction, la « RELACION » de l'évêque espagnol Diego DE LANDA.

Ce catholique espagnol, qui venait à la suite des caravelles de Christophe COLOMB coloniser, assassiner, voler les sociétés précolombiennes, avait une singulière méthode pour découvrir la signification de ces écritures. En face de signes graphiques isolés les uns des autres, souvent semi-figuratif, il pratiquait ainsi : quelle est la signification de cette forme ?

Le scribe maya dont la vie même dépendait de cet ignoble personnage lui donnait un son correspondant à la signification du signe dans sa langue. Diego DE LANDA, qui ignorant, ne connaissant que l'écriture européenne, alphabétique, à laquelle il était habitué, considéra que l'écriture maya était pour l'essentiel une écriture alphabétique. Cette fois-ci, il ne s'agissait plus de DAUZAT ni de la France, ni du XXème siècle, mais de l'Espagne, d'un évêque catholique et du XVIème siècle.

Mais c'était la même procédure : celle du colonisateur et donc de l'obscurantisme. Ainsi, vers 1948, nous étions sollicités simultanément en matière de bibliologie par les méthodes de la science et de l'antiscience, naturellement politique.

2.2. Deuxième phase : 1952-1958 : la réponse à la problématique : le choix d'une éthique :

Cette deuxième période se subdivise elle-même en trois parties :

2.2.1. 1952-1953 : l'armée :

En 1937, nous avions faillis mourir d'opérations intestinales deux fois de suite à six mois d'intervalle. Né en 1927, nous faisions donc partie de la classe 1947. Pour mes premières recherches, j'avais obtenu du pouvoir militaire un sursis. Entre temps, d'autres questions m'avaient conduites par analyse introspective à vivre le solipsisme. En 1952, nous arrivâmes à la conclusion qu'il fallait abandonner ce sursis et faire notre service militaire, qui à l'époque durait un an. Nous fûmes ainsi envoyé à l'école des officiers de réserve (E.O.R). L'épreuve fut difficile.

Tout l'enseignement militaire consiste bien sûr à des ordres divers et successifs. Le résultat, c'est la transformation d'un être humain normal en un automate dont la finalité est de devenir, comme on dit, de la chair à canons. À la fin du stage, renvoyé en Allemagne, nous décidâmes donc de faire valoir notre état de santé. C'est ainsi qu'au mois de Mars 1952, un aréopage de médecins militaires décida, à l'hôpital de Versailles, de nous réformer. Notre éthique se constituait donc. Nous étions, entre temps, devenu antimilitariste.

2.2.2. 1954-1962 : la guerre d'Algérie :

À peine revenu de l'armée commença la guerre de libération de l'Algérie. Pour un Français de l'époque, la politique de la France depuis 1940 était d'une grande absurdité d'autant que les socialistes (MITTERAND, SOUSTELLE) défendaient l'Algérie française. La France décadente, vaincue par les Allemands en 1940, ressuscitée par les Américains en 1944, avait cru opportun de ne pas comprendre que la période colonialiste était terminée, avait tenté de reprendre ses colonies d'avant-guerre, à commencer par l'Indochine. Elle avait échoué en 1954 dans la vallée de DIEN BEN PHU, où l'armée française s'était ridiculisée. Elle recommençait en Algérie en 1954. Notre génération était consciente de cette situation qui, de plus, en avait mobilisé une bonne part et qui devait se développer malheureusement dans les tortures imposées aux Algériens et à 700 000 d'entre eux qui furent tués à cette occasion. Nous, qui avions appris de la Révolution française le droit des peuples à disposer d'eux-mêmes, ne pouvions pas être d'accord avec cette politique imbécile. D'antimilitariste, nous devînmes anticolonialiste.

2.2.3. 1963-1968 : la formation de l'éthique :

Après l'indépendance de l'Algérie, la fonction semi-fasciste du Général DE GAULLE devint intolérable pour la nouvelle intelligentsia. Les groupes de discussion commencèrent à se constituer. Une réunion le soir chez l'un ou chez l'autre pour discuter de l'orientation politique à venir. Tout ceci déboucha, comme on sait, par le mouvement des étudiants au quartier latin en 1968 et à son expansion vers le milieu ouvrier chez Renault à Paris. À l'époque, attaché de recherche au CNRS, achevant notre second doctorat d'État, nous rejoignions après 18 heures, à la sortie de la bibliothèque nationale, le boulevard Saint-Michel, où la jeunesse du pays affrontait les policiers à la limite du pont Saint-Michel. Dès lors, notre éthique était constituée : nous serions toujours pour l'égalité = liberté et contre la liberté = inégalité, injustice sociale, colonisations, antiscience.

2.3. Le système de la création de la bibliologie scientifique :

Ce travail, rappelons-le, est le résultat d'une recherche et de publications qui furent réalisées entre 1959 et 2010 par un groupe international de chercheurs coordonnés au sein de l'Association Internationale de Bibliologie (AIB) (voir LA BIBLIOLOGIE SCIENTIFIQUE page 49) :

- Les sources : LE DÉPÔT LÉGAL SOUS L'ANCIEN RÉGIME (1959)
- La bibliométrie : LA STATISTIQUE BIBLIOGRAPHIQUE DE LA FRANCE SOUS LA MONARCHIE AU XVIIIÈME SIÈCLE (1963, 1965)
- La méthode : LA BIBLIOMÉTRIE BIBLIOGRAPHIQUE (1971)
- La science : LA BIBLIOLOGIE, SCIENCE DU LIVRE (1975)
- La systémique et les modèles : LE LIVRE DANS LE MONDE (1983)
- La bibliologie graphique : LES PLANS DE PARIS (1983)
- La politique universitaire : LE COLLOQUE DU CENTRE POMPIDOU, LE LIVRE EN FRANCE (1984)
- La science : LA BIBLIOLOGIE, SCIENCE DE L'ÉCRIT (PUF – 1987)
- La recherche : L'ASSOCIATION INTERNATIONALE DE BIBLIOLOGIE (1988)
- La bibliologie internationale : LES SCIENCES DE L'ÉCRIT (1993)
- L'histoire de la bibliologie : L'ANTHOLOGIE DE LA BIBLIOLOGIE (1993)
- Les classifications : LE THÉSAURUS DE LA BIBLIOLOGIE (1999)
- La synthèse :
- LA BIBLIOLOGIE SCIENTIFIQUE APPLIQUÉE (2008)
- LA BIBLIOLOGIE SCIENTIFIQUE (2009)

3. La bibliologie coloniale :

Comme nous l'avions constaté plus haut, dès les années 1945-1948, nous avions été confronté au concept de science et d'antiscience, donc de bibliologie scientifique et de ce qui est devenu la bibliologie coloniale. Avec Zoltowski, il s'agissait de la science, avec Diego DE LANDA, dont parlait James G. FEVRIER, de la bibliologie coloniale et avec Albert DAUZAT, des deux : un scientifique français de grande qualité qui menait sur le plan politique une démarche colonialiste vis à vis de la culture régionale.

Si la première partie de ce texte est bien consacrée au premier point, c'est-à-dire à la bibliologie scientifique, les textes que nous allons développer portent sur la bibliologie antiscientifique appelée aujourd'hui bibliologie coloniale et réalisée principalement par des chercheurs africains correspondant à ce que nous avons appelé la bibliologie africaine. Cette partie, comme la précédente, sera composée de plusieurs phases. Remarquons, dès le départ, le décalage chronologique entre ces deux périodes puisque la première commence en 1945 et la seconde vers les années 1970.

3.1. Première phase : 1970-1971 : La sociologie de la bibliographie, Louise-Noëlle MALCLES :

Alentours les années 1970, au moment où nous achevions notre thèse de doctorat d'Etat, la directrice de l'école nationale supérieure des bibliothécaires (E.N.S.B.), nous demanda d'effectuer plusieurs conférences pour les futurs bibliothécaires. A l'époque, l'E.N.S.B se trouvait face à la Bibliothèque Nationale, rue de Richelieu, à côté du square Louvois. C'est à cette époque que nous fîmes la connaissance de la grande bibliothécaire française, Louise-Noëlle MALCLES. C'est aussi à ce moment que nous découvrîmes sa position épistémologique. Dès lors, la bibliographie n'était plus simplement qu'une technique de classification des livres mais Louise-Noëlle MALCLES s'était bien rendue compte que l'histoire de la bibliographie exigeait à l'époque, pour en comprendre les variations, d'avoir recours au cadre social dans lequel elle se développait. Malclès, dans son « QUE SAIS JE ? », parle déjà de notre vieux maître Victor ZOLTOWSKI. Cette nouvelle position, qui allait au-delà de celle de Paul OTLET, nous conduisit à parler de sociologie de la bibliographie, c'est-à-dire d'une étude scientifique, historique et sociologique de cette discipline.

3.2. Deuxième phase : 1970-1983 : De la sociologie de la bibliographie à la bibliologie politique :

Comme nous l'avons dit plus haut, entre 1970 et 1983, voulant sortir de France, nous avions travaillé, généralement pendant l'été, dans le cadre du C.N.R.S., pour étudier les modèles d'organisation de la vie du livre dans différents pays. Le résultat essentiel, c'était que les modèles nationaux ne pouvaient s'expliquer dans leurs différences que par l'organisation politique qui les organisaient. Pour donner un exemple, le modèle soviétique était différent du modèle mexicain par l'idéologie même qui gouvernait les deux pays. Par conséquent, une histoire événementielle du livre, comme le faisait, à l'époque, les historiens français du livre n'avait pas de sens.

Décrire parallèlement une technique d'écriture et une évolution politique pouvaient relever de l'histoire et non de la bibliologie scientifique. Inversement, l'établissement d'une relation de causalité entre la structure politique et les structures scripturales était nécessaire. Dans la perspective de Louise-Noëlle MALCLES, nous commençâmes alors une étude comparative des classifications bibliographiques. Ainsi, par exemple, au XVIIème siècle, les classifications monarchiques sont organisées autour du concept de théologie. Au XIXème siècle, après les philosophes et la révolution libérale, les mêmes classifications sont liées à la psychologie, c'est-à-dire à l'ego. Plus tard, au XXème siècle, nous découvrîmes à Moscou, à la bibliothèque nationale, les bibliographes soviétiques chargés de l'élaboration de la classification BBK organisée à son tour non plus à partir de Dieu ni de l'ego, mais à partir des sciences exactes ; les dernières classes portant précisément sur la psychologie. Elle ne faisait que d'appliquer le principe marxiste selon lequel l'infrastructure matérielle détermine la superstructure intellectuelle. Ce constat ne fit que confirmer les observations précédentes : tout fait de l'écrit, quelle que soit sa nature, ne pouvait être expliqué en définitive au sommet de la causalité que par un fait politique.

3.3. Troisième phase : 1977-2014 : La bibliologie africaine :

En cours de route, nous avions été nommé Professeur de première classe à l'université de Bordeaux III. Parmi les charges de notre activité, nous avions dorénavant à former les nouveaux doctorants. Le Professeur Eddie TAMBWE fit plus tard l'inventaire et l'étude de la soixantaine de thèse de doctorat que depuis ces années-là, nous avons été conduit non seulement à encadrer mais à les faire soutenir. Dès cette époque, les étudiants provenaient à la fois de France et, de plus en plus, d'Afrique, du Canada, de Chine et d'ailleurs. Les Africains étaient normalement les plus nombreux.

Durant toute cette période, nous découvrîmes ce qui serait plus tard la bibliologie coloniale et africaine. Bien sûr, tous ces travaux portaient sur des aspects différents et complémentaires de l'écrit et dans divers pays : Algérie, Maroc, Tunisie, Sénégal, Congo belge, Soudan, Madagascar, etc. Tous traitaient le travail scientifiquement. Mais à travers ces thèses, on percevait la douleur du chercheur portant sur deux aspects principaux du colonialisme : le premier portant sur l'obscurantisme, c'est-à-dire la volonté délibérée et organisée de maintenir les populations dans un faible niveau culturel de façon à, dans un second lieu, de pouvoir s'en servir, sur le plan économique, à des tâches subalternes de façon à pouvoir mieux les exploiter. Ceci ne faisait que de confirmer nos observations concernant la lutte de classe dans les pays libéraux. Il ne s'agissait donc plus que d'un transfert : les colonisateurs c'était la classe dirigeante, les exploités non plus les classes pauvres de la société libérale mais les nationaux des pays colonisés.

3.4. Quatrième phase : 1988-2000 : La bibliographie coloniale : Martin RANIVO, Jean-Pierre MANUANA- NSEKA, Eddie TAMBWE :

Ces hypothèses successives de la sociologie de la bibliographie, de la bibliologie politique, de la bibliologie africaine nous conduisit vers les années 1985 à passer de la théorie, des hypothèses, à l'expérimentation, à partir précisément de la bibliographie. Cette position rencontra successivement la curiosité d'abord d'un Malgache, Martin RANIVO (1988), et de deux congolais Jean-Pierre MANUANA- NSEKA (1989 et après) et plus tard d'Eddie TAMBWE. L'hypothèse était alors la suivante : si un bibliographe d'origine européenne cherchait à élaborer une bibliographie des travaux portant sur une colonie de son pays, sa classification ne pourrait pas être identique à celle d'un bibliographe européen travaillant sur une bibliographie générale. Plus, même, elle devrait avoir comme classification particulière un inventaire des classes et une organisation visant l'exploitation de la colonie. Les travaux successifs qui furent ainsi engagés par des chercheurs malgaches et congolais relevant l'un de l'obédience française, les autres de l'obédience belge en firent la démonstration magistrale. Pour donner un exemple, on commence par géographie physique, puis économique, puis sociale, puis culturelle. Ces résultats furent tellement considérés comme positifs qu'une deuxième génération nouvelle de doctorants de ces pays poursuivent dans d'autres domaines l'étude de ces bibliographies coloniales comme nous en avons fait la démonstration dans le dernier numéro 80 de la Revue de Bibliologie.

Durant ce temps, les travaux se poursuivaient à l'intérieur des universités françaises, africaines, lors des colloques de l'Association Internationale de Bibliologie dont les résultats furent tous publiés.

3.5. Cinquième phase : 2012-2014 : La bibliologie coloniale : Eddie TAMBWE et Robert ESTIVALS :

Dès les années 2008 et le début de la crise économique, l'interprétation politique devint prioritaire. C'est ainsi qu'avec Eddie TAMBWE nous avions envisager successivement d'éditer, dans la collection qu'il dirige aux éditions L'HARMATTAN, d'abord d'un mémoire concernant un DEA sur le livre en Chine de Madame WANG puis une anthologie de chapitres de thèses de l'école africaine de bibliologie relevant du terme global de bibliologie coloniale qui fait précisément l'objet de cet ouvrage. Il s'agissait ainsi d'attirer l'attention des chercheurs sur le domaine nouveau de la bibliologie coloniale dont le but est de dégager scientifiquement les méthodes utilisées par les colonialistes dans le domaine de l'écrit et de la communication écrite.

4. Conclusion :

L'étude comparée de ces deux phases consécutives de la bibliologie scientifique internationale et de la bibliologie coloniale conduit à plusieurs conclusions successives :

1°) On remarquera d'abord l'unité internationale de la recherche depuis la seconde guerre mondiale. La bibliologie est donc nécessairement constituée de deux parties complémentaires : la bibliologie scientifique et la bibliologie coloniale donc antiscientifique.

2°) Cette complémentarité concerne la deuxième moitié du XXème siècle et prend ainsi la suite des travaux antérieurs notamment ceux d' OTLET et de ROUBAKINE concernant principalement la première moitié du XXème siècle.

3°) L'ordre chronologique d'intervention de la bibliologie scientifique et de la bibliologie coloniale s'explique par un relais entre la génération des années 1950 et celle des années 1980, c'est-à-dire de la génération des Aînés vers celle des Puinés. Mais, dans le cas présent, au relais des générations s'ajoute celui des civilisations : la première génération est principalement européenne, la seconde, celle de la bibliologie africaine c'est-à-dire principalement postcoloniale.

4°) Cette situation conduit donc à penser que le personnel de recherche de la bibliologie coloniale sera nécessairement différent. La bibliologie scientifique a été créée par une génération qui est d'évidence en disparition, par l'âge. Inversement, la génération africaine, s'occupant à juste raison de la bibliologie coloniale est composée aujourd'hui de chercheurs qui ont acquis leur titre de docteur, qui sont le plus souvent des professeurs d'universités, dans des pays qui ont obtenus leur indépendance apparente, qui souvent aussi ont des charges administratives et scientifiques plus larges et qui auront donc pour charge de compléter la bibliologie scientifique par l'étude minutieuse et objective des méthodes colonialistes utilisées si possible sur le plan international d'hier et d'aujourd'hui pour indiquer précisément les méthodes utilisées par l'obscurantisme colonialiste.

Ce premier ouvrage en offre la possibilité, en présentant des sources partielles et spécialisées, permettant aux bibliologues de se familiariser avec les conséquences antiscientifiques des colonialistes de tout temps.

L'HARMATTAN ITALIA
Via Degli Artisti 15; 10124 Torino

L'HARMATTAN HONGRIE
Könyvesbolt ; Kossuth L. u. 14-16
1053 Budapest

L'HARMATTAN KINSHASA
185, avenue Nyangwe
Commune de Lingwala
Kinshasa, R.D. Congo
(00243) 998697603 ou (00243) 999229662

L'HARMATTAN CONGO
67, av. E. P. Lumumba
Bât. – Congo Pharmacie (Bib. Nat.)
BP2874 Brazzaville
harmattan.congo@yahoo.fr

L'HARMATTAN GUINÉE
Almamya Rue KA 028, en face
du restaurant Le Cèdre
OKB agency BP 3470 Conakry
(00224) 657 20 85 08 / 664 28 91 96
harmattanguinee@yahoo.fr

L'HARMATTAN MALI
Rue 73, Porte 536, Niamakoro,
Cité Unicef, Bamako
Tél. 00 (223) 20205724 / +(223) 76378082
poudiougopaul@yahoo.fr
pp.harmattan@gmail.com

L'HARMATTAN CAMEROUN
BP 11486
Face à la SNI, immeuble Don Bosco
Yaoundé
(00237) 99 76 61 66
harmattancam@yahoo.fr

L'HARMATTAN CÔTE D'IVOIRE
Résidence Karl / cité des arts
Abidjan-Cocody 03 BP 1588 Abidjan 03
(00225) 05 77 87 31
etien_nda@yahoo.fr

L'HARMATTAN BURKINA
Penou Achille Some
Ouagadougou
(+226) 70 26 88 27

L'HARMATTAN SÉNÉGAL
10 VDN en face Mermoz, après le pont de Fann
BP 45034 Dakar Fann
33 825 98 58 / 33 860 9858
senharmattan@gmail.com / senlibraire@gmail.com
www.harmattansenegal.com

L'HARMATTAN BÉNIN
ISOR-BENIN
01 BP 359 COTONOU-RP
Quartier Gbèdjromèdé,
Rue Agbélenco, Lot 1247 I
Tél : 00 229 21 32 53 79
christian_dablaka123@yahoo.fr

Achevé d'imprimer par Corlet Numérique - 14110 Condé-sur-Noireau
N° d'Imprimeur : 115642 - Dépôt légal : février 2015 - *Imprimé en France*

www.ingramcontent.com/pod-product-compliance
Lightning Source LLC
LaVergne TN
LVHW010925061026
849535LV00007B/2230
9782343056630